安博士 新农村安全知识普及丛书

实用
农药安全知识

袁会珠　主编
孙晓明　主审

中国劳动社会保障出版社

图书在版编目（CIP）数据

实用农药安全知识/袁会珠主编. —北京：中国劳动社会保障出版社，2017

（安博士新农村安全知识普及丛书）

ISBN 978-7-5167-3217-5

Ⅰ. ①实… Ⅱ. ①袁… Ⅲ. ①农药施用 - 安全技术 - 普及读物 Ⅳ. ① S48-49

中国版本图书馆 CIP 数据核字（2017）第 254587 号

中国劳动社会保障出版社出版发行

（北京市惠新东街 1 号 邮政编码：100029）

*

三河市潮河印业有限公司印刷装订 新华书店经销

880 毫米 × 1230 毫米 32 开本 7.75 印张 169 千字

2017 年 10 月第 1 版 2017 年 10 月第 1 次印刷

定价：29.00 元

读者服务部电话：（010）64929211/84209103/84626437

营销部电话：（010）84414641

出版社网址：http://www.class.com.cn

本书编写人员

主　　编　袁会珠
编写人员　崔　丽　王金凤　叶玉涛
主　　审　孙晓明

前　言

经过多年不懈努力，我国农业农村发展不断迈上新台阶，已进入新的历史阶段。新形势下，农业主要矛盾已经由总量不足转变为结构性矛盾，主要表现为阶段性的供过于求和供给不足并存。推进农业供给侧结构性改革，提高农业综合效益和竞争力，是当前和今后一个时期我国农业政策改革和完善的主要方向。顺应新形势新要求，2017 年中央一号文件把推进农业供给侧结构性改革作为主题，坚持问题导向，调整工作重心，从各方面谋划深入推进农业供给侧结构性改革，为“三农”发展注入新动力，进一步明确了当前和今后一个时期“三农”工作的主线。

深入推进农业供给侧结构性改革，就是要从供给侧入手，在体制机制创新上发力，以提高农民素质、增加农民收入为目的，贯彻“科学技术是第一生产力”的意识，宣传普及科学思想、科学精神、科学方法和安全生产知识，围绕农业增效、农民增收、农村增绿，加强科技创新引领，加快结构调整步伐，加大农村改革力度，提高农业综合效益和竞争力，从根本上促进农业供给侧从量到质的转型升级，推动社会主义新农村建设，力争农村全面小康建设迈出更大步伐。

加快开发农村人力资源，加强农村人才队伍建设，把农业发展方式转到依靠科技进步和提高劳动者素质上来是根本，培养一批能够促进农村经济发展、引领农民思想变革、带领群众建设美好家园的农业科技人员是保证，培育一批有文化、懂技术、会经营的新型农民是关键。为更好地在农村普及科技文化知识，树立先进思想理念，倡导绿色、健康、安全生产生活方式，中国农村技术开发中心组织相关领域的专家，从农业生产安全、农产品加工与运输安全、农村生活安全等热点话题入手，编写了本套“安博士新农村安全知识普及丛书”。

本套丛书采用讲座和讨论等形式，通俗易懂、图文并茂、深入浅出地介绍了大量普及性、实用性的农村生产生活安全知识和技能，包括《实用农业生产安全知识》《实用农机具作业安全知识》《实用农药安全知识》《实用兽药安全知识》《实用农产品加工运输安全知识》《实用农村生活安全知识》《实用农村气象灾害防御安全知识》。希望本套丛书能够为广大农民朋友、农业科技人员、农村经纪人和农村基层干部提供一个良好的学习材料，增加科技知识，强化科技意识，为安全生产、健康生活起到技术指导和咨询作用。

本套丛书在编写过程中得到了中国农业科学院科技管理局、植物保护研究所农业部重点实验室、兰州畜牧与兽药研究所，农业部南京农业机械化研究所主要作物生产装备技术研究中心，中国农业大学资源与环境学院，南京农业大学食品科技学院和中国气象局培训中心等单位众多专家的大力支持。参与编写的专家倾注了大量心血，付出了辛勤的劳动，将多年丰富的实践经验奉献给读者。主审专家投入了大量时间和精力，提出了许多建设性的意见和建议，特此表示衷心感谢。

由于编者水平有限，时间仓促，书中错误或不妥之处在所难免，衷心希望广大读者批评指正。

编委会

二〇一七年二月

内容简介

农药是一把“双刃剑”，选购使用得当，可以有效防治病虫草害，使用不当，可能会带来人员中毒、环境污染、农药残留超标等问题。本书针对我国广大农民在使用农药中存在的普遍问题，从安全的角度介绍了农药的基本知识和农药的安全使用知识，内容涉及农药的选购与储存，施药器械知识，农药的使用方法，杀虫剂、除草剂、杀菌剂的安全使用，人员安全防护与预防中毒及农药废弃物的处置等。为使农民朋友在农作物种植中遇到问题时，能够方便查找科学的应对方法，本书特别以农作物为检索的基本元素，通过农作物和发病症状可以检索到相关农药使用的信息。本书以讲座的形式编写，通俗易懂、深入浅出，便于读者掌握。

本书由中国农业科学院植物保护研究所农业部农药化学与应用重点开放实验室的农药专家编写，重在农药安全技术的应用和普及，适合农民、各级植保站农业科技人员、农业技术推广人员、农村经纪人和农村基层干部阅读，也可作为农业院校植保专业师生的参考用书。

目录

第一讲

初步了解农药

话题1 农药是把“双刃剑”，科学使用最关键

人要吃饭，害虫也要繁衍；庄稼是植物，杂草也是植物，同样要生存。就像人不可能永远不生病一样，庄稼、蔬菜、果树也会发生病虫草害，这是大自然的法则。人生病后需要看病吃药，庄稼、蔬菜、果树发生病虫草害后也需要用药剂来控制，这些农用药剂就是农药。“是药三分毒”，农药使用得当，可有效控制病虫草害，滥用、乱用，则会造成多种危害，因此说，农药是把“双刃剑”。

农药及其用途

农药是农用药剂的简称，根据2017年6月1日施行的《农药管理条例》，我国对农药的定义为：农药是指用于预防、控制危害农业、林业的病、虫、草、鼠和其他有害生物以及有目的地调节植物、昆虫生长的化学合成或者来源于生物、其他天然物质的一种物质或者几种物质的混合物及其制剂。

农药包括用于不同目的、场所的下列各类：

- 预防、控制危害农业、林业的病、虫（包括昆虫、蜱、螨）、草、鼠、软体动物和其他有害生物。
- 预防、控制仓储以及加工场所的病、虫、鼠和其他有害生物。
- 调节植物、昆虫生长。
- 农业、林业产品防腐或者保鲜。
- 预防、控制蚊、蝇、蜚蠊、鼠和其他有害生物。
- 预防、控制危害河流堤坝、铁路、码头、机场、建筑物和其他场所的有害生物。

农药的类型

农药有农药原药、农药剂型和农药制剂，一种农药原药可以加工成多种剂型（如可湿性粉剂、乳油、微乳剂等），同一种剂型又可加工成不同规格的多种制剂（如50%可湿性粉剂、75%可湿性粉剂等）。用户所购买使用的农药都是农药生产企业用农药原药经过特殊加工后的产品（即农药制剂）。

1. 农药原药

农药原药由杀灭控制有害生物的有效化学成分和合成过程中的少量杂质组成，一般情况下，由化工企业合成的未经加工的高含量农药，均可称为农药原药。农药原药多为有机合成物质，固体的称为原粉，液体的称为原油。

2. 农药剂型

为了方便使用和提高农药的使用效果，农药生产厂家往往在农药原药中加入适当的辅助剂，制成便于使用的形态。加工后的农药具有一定的形态、组成及规格，如乳油、粉剂、粒剂、可溶性粉剂、可湿性粉剂、水分散粒剂等，农药的这些形态、组成及规格就被称为农药剂型。

3. 农药制剂

一种农药原药可以在加入辅助剂后加工成为多种不同的剂型，而一种剂型可以制成多种不同含量的产品，这些产品称为农药制剂。

农药的起源

农药是人类在长期的农业生产劳动过程中，发现、总结、研究出来的可以防治农作物病虫草鼠害的物质。生活在 1 600 多年前的东晋大诗人陶渊明在《归园田居》中哀叹到“种豆南山下，草盛豆苗稀”，为防除农田杂草，多收几担粮食，他只能“晨兴理荒秽，带月荷锄归”。人类在与农田病虫草等有害生物长期斗争的过程中，逐渐发现了可以采用硫黄、砒霜、烟草水、除虫菊花粉等防治农作物病虫害。明朝的《天工开物》就记载到用砒霜“晋地菽麦必用拌种，宁绍郡稻田必用蘸秧根，则丰收也”，说明砒霜这一剧毒药物在我国古代已广泛用于农田害虫防治。伴随着现代科学体系的建立，农药已经从古代的经验主义时期，迅速发展到可以基于病虫草害靶标的特异性设计合成高效绿色的化学农药时期。农药不是无中生有，是人类智慧的结晶，现代高效绿色化学农药是现代科学技术的产物。

1. 矿物源农药

起源于天然矿物原料的无机化合物和石油的农药，包括砷化物、硫化物、铜化物等。矿物源农药历史悠久，为农药发展早期的主要品种，随着化学合成农药的发展，矿物源农药的用量逐渐减少，其中有些毒性大的品种如砒霜、砷酸铅、砷酸钙等已停止使用。目前还在使用的品种有硫黄、波尔多液、机油乳剂等。

2. 生物源农药

生物源农药是最古老的一类农药，是指利用生物资源研究开发的农药，简称生物源农药。生物源农药包括动物源农药、植物源农药和微生物源农药三大类，如斑蝥毒素、沙蚕毒素、鱼藤酮、烟碱、井冈霉素等均为生物源农药。生物源农药一般在环境中较易降解，其中不少品种具有靶标专一性，使用后对人、畜和非靶标生物相对安全。某些生物源农药的作用方式是非毒杀作用的，包括引诱、驱避、拒食、绝育、调节生长发育、寄生、感染等，比化学合成农药的作用更广泛。但是，这些非杀生性生物源农药的作用缓慢，在有害生物暴发时，难以有效控制，此时，需要使用化学合成农药以快速减少有害生物种群数量，或者采用生物源农药与化学合成农药混用的方式。

3. 化学合成农药

化学合成农药是由人工合成、并经化学工业生产的一类农药，其中有些是以天然产品中的活性化学物质作为母体，经过人工模拟合成或作为模板人工修饰改造，研究合成效果更好的类似化合物，称为仿生化学合成农药。化学合成农药的品种繁多，产量大，是现代农药的主体。其应用范围广、药效高，而且由于化学合成农药的主要原料为石油化工产品，因此，资源丰富、容易生产。目前，化学合成农药已经实现了基于靶标进行分子设计，并实行绿色化生产，所生产的农药均为高效、超高效品种，每亩地用药量只需要有效成分 1 克左右，化学合成农药已经进入“绿色化学农药”“生物合理设计农药”或“生态农药”时代。

生物农药与化学农药的争论

现在有一种流行观点，认为凡是来自天然的、生物的（包括动植物的）农药就无毒、无害，对目标外的生物、生态和环境均安全无害，甚至在某些农药产品的说明书和宣传资料中也标称“天然产物，无毒、无污染”等字样。这是不符合事实、不尊重科学的观点。

众所周知，天然的矿物、植物和生物体中本身就含有大量对人类有害的物质，其中有些是可致癌的。作为主要粮食作物之一的马铃薯中就含有剧毒的颠茄碱；因吃了未煮熟的扁豆而发生食物中毒的不幸事件也时有报道等。食品药理学家的研究结果表明，不少植物能自行合成具有抗敌作用的有毒成分，如果人吃多了同样威胁健康。上海农药研究所20世纪曾开发一种农用抗生素，药效很高，但因其毒性太高而被放弃。这些都说明，来自天然的农药并不都是无毒、无害的，必须进行毒理和环境评价，才能确定其是否安全，有无污染。无论生物源农药还是化学合成农药，其是否安全，关键在于是否科学安全使用。

案例

农药药害：点燃硫黄熏死草莓

2006年3月，辽宁省鞍山草莓种植户为了防治大棚草莓白粉病，买回1千克硫黄粉，把硫黄粉放在稻草上，然后点燃稻草和硫黄放烟，结果导致两个大棚草莓苗全部死亡，损失10万余元。

点评

硫黄（S）是一种最简单的矿物农药，古代就开始使用。硫黄悬浮剂喷雾可防治白粉病和锈螨等；采用电热熏蒸方法时，硫黄以升华方式生成细小颗粒，在温室大棚中可以防治草莓白粉病，但需要把电热熏蒸器的温度控制在150℃以下。本案例中，农户把硫黄和稻草混在一起燃烧放烟，结果硫黄与氧气发生氧化生成了对植物毒性很大的二氧化硫（SO_2），造成草莓苗死亡。

话题 2 农药类型变化多，病虫草鼠分开用

农药的防治对象复杂多样，有害虫、病原菌、杂草、老鼠等（统称为农业有害生物），有些情况下还要用药剂调节植物生长，因此，农药种类就很多，按照防治对象可以分为杀虫剂、杀菌剂、除草剂、杀鼠剂和植物生长调节剂等。

农药品种很多，已有 1 000 多种，其中常用的达 300 余种。为了使用上的方便，常常从不同角度把农药进行分类。其分类的方式主要有以下三种。

按用途分类 可分为杀虫剂、杀螨剂、杀鼠剂、杀软体动物剂、杀菌剂、杀线虫剂、除草剂、植物生长调节剂等。

按来源分类 可分为矿物源农药、生物源农药及化学合成农药三大类。

按化学结构分类 有机合成农药的化学结构类型有数十种之多，主要的有：有机磷、氨基甲酸酯、拟除虫菊酯、有机氮、有机硫、酰胺类、脲类、醚类、酚类、苯氧羧酸类、三氮苯类、二氮苯类、苯甲酸类、脒类、三唑类、杂环类、香豆素类、甲氧基丙烯酸类、有机金属化合物等。

杀虫剂

杀虫剂是一类用于防治农、林业的病媒生物及有害昆虫（如蚜虫、棉铃虫）的农药。杀虫剂按照来源和化学成分可分为无机杀虫剂和有机杀虫剂两类。无机杀虫剂主要是含砷、氟、硫和磷等元素的无机化合物。有机杀虫剂又可分为天然来源有机杀虫剂和人工合成有机杀虫剂。天然来源有机杀虫剂主要包括植物源杀虫剂和微生物源杀虫剂；人工合成杀虫剂包括多种类型，如有机氯类杀虫剂、有机磷类杀虫剂、氨基甲酸酯类杀虫剂、拟除虫菊酯类杀虫剂、新烟碱类杀虫剂、昆虫生长调节剂等。

杀螨剂

螨类害虫属蛛形纲，俗称红蜘蛛，是危害农作物的重要害虫之一，与昆虫纲的害虫在形态上有很大差异，在对农药的敏感性方面也有所不同。有些农药对红蜘蛛特别有效，而对昆虫纲的害虫毒力相对较差或无效，因此，特称为杀螨剂。有许多杀虫剂兼具杀螨作用，如有机磷杀虫剂中的很多品种都具有杀螨作用，杀菌剂硫黄也有很好的杀螨活性，矿物油对害螨也有很好的杀灭作用。杀螨剂分无机硫杀螨剂和有机合成杀螨剂两大类。

无机硫杀螨剂硫黄在杀菌剂部分介绍。有机合成的杀螨剂一般指防治蛛形纲中有害螨类的杀虫剂，这类杀虫剂一般指只杀螨不杀虫或以杀螨为主的药剂，一般对人畜等高等生物具有较高的安全性。

杀菌剂

植物病害由病原微生物侵染引起，由植物病原真菌引起的植物病害称为真菌病害，如霜霉病、白粉病、锈病等；由细菌引起的植物病害称为植物细菌病害，如黄瓜角斑病、柑橘溃疡病、大白菜软腐病等；由植物病原病毒引起的植物病害称为病毒病，如烟草花叶病毒、玉米粗缩病毒、番茄黄化曲叶病毒等。对应于不同种类的病害，杀菌剂可分为杀真菌剂、杀细菌剂和杀病毒剂，在我国统称为杀菌剂。

除草剂

用以消灭或控制杂草生长的农药称为除草剂，也称为除莠剂。除草剂使用范围包括农田、苗圃、林地、森林防火道、草原、草坪、花圃、非耕地、铁路、公路沿线、仓库、机场周围环境的杂草、灌木等有害植物，以及河道、池塘、湖泊、水库等水域的水生杂草等。我国从20世纪50年代后期开始使用2，4-D、燕麦灵等除草剂，随后除草剂种类和化学除草面积迅速发展，多种多样的除草剂品种为我国农业的发展和各种社会活动提供了非常有利的杂草防治手段。

杀线虫剂

线虫又名蠕虫，属无脊椎动物线形动物门线虫纲。线虫为害所造成的植物受害症状长期被当作病害处理，与真菌、细菌、病毒等病原微生物相比，病原线虫具有主动趋向和用口针刺入寄主、并自行转移为害的特点。线虫的为害不仅是吸取植株养分导致作物减产和品质下降，还可使植物根细胞过度增长成为瘿瘤，失去吸收养分和水分的能力，使植株衰亡。另外，线虫的为害也会导致植物更容易遭受病原菌的袭击而导致作物发生病害，例如棉花枯萎病、黄萎病的发生，在一定程度上与线虫的为害有关。

杀线虫剂是指主要用于毒杀线虫的农药。用以防治线虫的药剂一般都是毒性很强的杀虫剂，用于防治线虫时则特称为杀线虫剂。由于线虫体壁外层为不具有任何细胞结构的角质层，透气性、透水性，化学离子的渗透性均较差，线虫的神经系统又不甚发达，因而很难找到有效的杀线虫剂。大部分杀线虫剂主要用于处理土壤，少部分用于种子、苗木和植物生长期间喷雾使用。

农药标签上的色带

为避免用户误用农药，农药标签的底部有一条与农药类别有关的颜色标志带。色带颜色与农药类别对应关系见表1—1。农药种类的描述文字应当镶嵌在标志带上，色带颜色与字形成明显反差。杀虫剂和杀鼠剂易混淆，用户一定要记住“红色杀虫蓝杀鼠”，避免误用而导致发生事故。

表1—1 不同类别农药的特征颜色标志带

农药类别	颜色标志带
杀虫剂、杀螨剂、杀软体动物剂	红色
杀菌剂、杀线虫剂	黑色
除草剂	绿色
植物生长调节剂	深黄色
杀鼠剂	蓝色

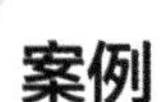

农药误用：用除草剂杀虫导致全军覆没

2004年6月，山东潍坊一农户为了防治大棚内的地下害虫，将一瓶农药用水稀释后采用沟灌的方式灌入黄瓜苗根部，结果导致黄瓜苗全部死亡。事后发现是因粗心大意，误把除草剂2,4-D乳油当作杀虫剂来使用了，不仅造成当季蔬菜全部死亡，下茬蔬菜也没法种植。

点评

2,4-D是广泛使用的除草剂，对阔叶杂草有很好的防治效果，阔叶植物如黄瓜、棉花对其非常敏感。该农户因粗心，把除草剂误当作杀虫剂来用，不仅造成了当季黄瓜全部死亡，还影响了后茬的蔬菜种植。这是一起典型的因没有分清农药种类就盲目使用农药的案例。

话题3　农药毒性有大小，高毒品种要警惕

导读

“是药三分毒”，为了说明农药毒性的大小，常用半数致死量（LD_{50}）作为评价指标。半数致死量是指杀死一半供试验动物所需要的农药剂量，通常用毫克/千克（mg/kg）表示，这里的毫克是给药的剂量，千克是供试验动物的体重，常用的给药方式有经口（灌胃）、经皮（涂抹皮肤）、经呼吸道（从空气中吸入）给药。LD_{50}数值越大，说明农药毒性越小，反之，数值越小，则说明农药毒性越大。世界上没有绝对安全的物质，我们每天吃的食盐的LD_{50}是3 750 毫克/千克，而不少农药则大于5 000 毫克/千克，其毒性要小于食盐。因此，不能说农药就是毒药的代名词，其实，很多农药是很安全的。当然，对于剧毒、高毒农药的使用一定要特别当心。

农药毒性的分级

农药毒性分为急性毒性和慢性毒性。

我国实行的农药毒性分级标准为四个级别、五个档次（见表1—2），分别是剧毒、高毒、中等毒、低毒、微毒，并要求农药标签中用象形图来标明农药的毒性，其中剧毒、高毒农药的标签中要求有骷髅图案，并用红色字体标示；中等毒农药标签中用斜十字菱形图案标示。

表 1—2　　我国现行的农药毒性分级标准

毒性分级	级别符号语	经口半数致死量（毫克／千克）	经皮半数致死量（毫克／千克）	吸入半数致死浓度（毫克／千克）
Ⅰa 级	剧毒	≤ 5	≤ 20	≤ 20
Ⅰb 级	高毒	＞ 5~50	＞ 20~200	＞ 20~200
Ⅱ级	中等毒	＞ 50~500	＞ 200~2 000	＞ 200~2 000
Ⅲ级	低毒	＞ 500~5 000	＞ 2 000~5 000	＞ 2 000~5 000
Ⅳ级	微毒	＞ 5 000	＞ 5 000	＞ 5 000

农药的急性毒性

农药的急性毒性指药剂进入生物体后，在短时间内引起的中毒现象。毒性较大的农药，如果经误食、皮肤接触、呼吸道进入人体内，在短时间内会出现不同程度的中毒症状，如头昏、恶心、呕吐、抽搐、呼吸困难、大小便失禁等，若不及时抢救，会有生命危险。

1. 剧毒农药

剧毒农药是指动物试验中经口服的急性 LD_{50} 小于 5 毫克 / 千克的农药品种。农药市场上的特丁硫磷和涕灭威（俗称铁灭克）属于剧毒农药。这类农药毒性高，在防治害虫时尽量不用，如果必须使用，一定要按照使用说明书正确操作。

2. 高毒农药

高毒农药是指动物试验中经口服的急性 LD_{50} 为 5~50 毫克 / 千克的农药品种，主要有机磷杀虫剂甲胺磷、水胺硫磷、氧乐果、对硫磷、甲基对硫磷、久效磷、克线磷、甲基异柳磷等，以及氨基甲酸酯类杀虫剂克百威（又名呋喃丹）。这些品种在防治害虫时尽量不用，如果必须使用，一定要当心，应按照使用说明书正确操作。

为保证用户安全和食品安全，我国从 2007 年开始全面禁止生产销售使用甲胺磷、甲基对硫磷、对硫磷、久效磷和磷胺五种高毒有机磷杀虫剂品种。广大农户不要认为这五种禁用高毒杀虫剂杀虫速度快、药效好，而偷偷销售使用，不论生产销售还是使用以上五种高毒有机磷杀虫剂都是一种违反国家法律的行为，将受到法律的制裁。

3. 中等毒农药

中等毒农药是指动物试验中经口服的急性 LD_{50} 为 50~500 毫克 / 千克的农药品种。这类农药品种有敌敌畏、氰戊菊酯、吡虫啉、百草枯等，其毒性低于剧毒和高毒农药，使用相对安全。但必须注意的是敌敌畏的LD_{50}为56毫克/千克，虽然归在中等毒农药一类，但其毒性值非常接近于高毒农药，还必须注意的是除草剂百草枯虽然是中等毒农药（LD_{50}为129毫克/千克），因其毒性大且中毒后没有解药，误饮后常导致人员死亡，因此，百草枯水剂已停止在国内销售和使用。

为保证用户安全，根据《农业部、工业和信息化部、国家质量监督检验检疫总局公告》（第1745号）要求，自2016年7月1日起停止百草枯水剂在国内销售和使用。农药经销单位、农户不要违规经营和使用百草枯水剂，以免造成不可弥补的严重后果。

4. 低毒农药

低毒农药是指动物试验中经口服的急性LD_{50}为500~5 000毫克/千克的农药品种。辛硫磷、噻嗪酮、敌百虫、高效氯氰菊酯、丁醚脲等杀虫剂，苯醚甲环唑、丙环唑、异菌脲等杀菌剂，二甲戊灵、2,4-D、敌稗、甲草胺等多种除草剂，都是低毒农药。低毒农药的安全性远大于剧毒和高毒农药。

5. 微毒农药

微毒农药是指动物试验中经口服的急性LD_{50}大于5 000毫克/千克的农药品种。马拉硫磷、灭幼脲、氯虫酰胺等杀虫剂，代森锰锌、多菌灵、井冈霉素等杀菌剂，甲磺隆、苯磺隆、苄嘧磺隆等除草剂都是微毒农药。微毒农药的毒性比我们日常吃的食盐还要低，因此，在使用中对人是很安全的。

农药的慢性毒性

农药的慢性毒性是指生物体长期摄入或反复持续接触农药造成在体内的积蓄或器官损害的中毒现象。一般来说，性质稳定的农药易造成慢性中毒。长期生活在被农药污染的环境，如农药车间，喷洒过农药的农田，以及食用被农药污染的农产品等，都会对人体构成慢性中毒的威胁。

有机磷和氨基甲酸酯类农药的慢性中毒主要表现为血液中胆碱酯酶活性下降，并伴有头晕、头痛、恶心、呕吐、多汗、乏力等症状。有机氯和菊酯类农药的慢性中毒主要表现为食欲不振、腹痛、失眠、头痛等症状。由于慢性中毒发病缓慢、持续期长、具有隐蔽性，不易引起注意。因此，农药慢性中毒比急性中毒对人体造成的潜在危害更值得关注。

案例

滥用高毒农药，导致 3 人死亡中毒事故

2008 年 7 月，广东省恩平市蔗农用剧毒农药 5% 特丁硫磷颗粒剂防治地下害虫，造成特大安全事故，9 人接触性农药中毒，其中 3 人死亡。

点评

5% 特丁硫磷颗粒剂只允许用在花生田防

治地下害虫。但因其药效好，价格便宜，很多蔗农“拼死用毒药”。在四五月份的甘蔗苗期，蔗地通透性好，沟施5%特丁硫磷颗粒剂时只要做好安全防护（如配戴口罩、操作服、胶手套），一般没什么问题，但七八月份第二次施用时，因高温、蔗林密闭，加上施药的人大汗淋漓，一不小心，很容易出事，很多蔗农都有过中毒的经历。请广大农户牢记剧毒、高毒农药的“厉害”，不要抱有侥幸心理，应遵守国家法律规定，千万不要使用已禁止使用的剧毒、高毒农药。

话题4 农药产品形式多，液态固态要分清

市场上农药产品五花八门，有固态的也有液态的，有瓶装的也有袋装的。除少数品种外，农药原药一般不能直接施用，必须加工或制备成某种特定的形式。这种加工后的农药形式就是农药剂型，如乳油、可湿性粉剂、悬浮剂等。农药剂型用两个字母代码表示（例如乳油用“EC”表示，可湿性粉剂用“WP”表示等）。农药剂型有几十种，按剂型物态分类，有固态、半固态、液态、气态；按施用方法分类，有直接施用、稀释后施用、特殊用法等。

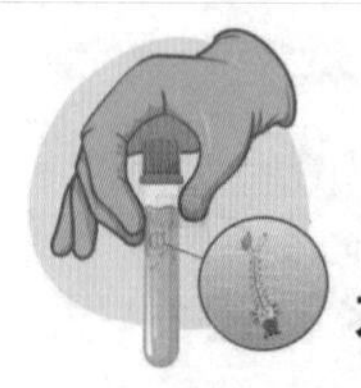

不用稀释可直接使用的农药剂型

这类农药剂型主要包括粉剂、颗粒剂、超低容量喷雾油剂等，使用前一般无须做什么处理，但要求特定的施药机械与施用方法。

1. 粉剂（DP）

粉剂可以采用喷粉、拌种和土壤处理的方法施用，适合于供水困难地区和防治暴发性病虫害，最好在无风或相对封闭的环境（温室大棚）中施用。粉剂一般不易被水润湿，在水中很难分散和悬浮，所以不能加水喷雾使用。

2. 颗粒剂（GR）

颗粒剂主要采用直接撒施的方法施用，可以直接用手撒施，也可以借助于机械撒施，主要用于防治地下害虫、禾本科作物的钻心虫和各种蝇类幼虫。由于水稻田喷雾施药难度较大，目前许多除草剂品种和防治水田稻飞虱等害虫的杀虫剂品种也加工成颗粒剂施用。颗粒剂撒施时仍要做好安全防护，尤其是用手直接施用时，必须戴手套并保持手掌干燥。农药颗粒剂有效含量一般较低（10% 以下），有效成分毒性较高，而且一般不加表面活性剂，所以颗粒剂不能泡水喷雾施用，否则容易造成操作者中毒事故。

3. 超低容量喷雾油剂（UL）

超低容量喷雾油剂主要施用方法是弥雾法或超低容量喷雾法，不用兑水稀释，使用弥雾机或超低容量喷雾机直接喷施制剂。这种方法施药特别适合于防治山林有害生物，也适合于温室保护地、仓库等相对封闭的环境。但由于超低容量喷雾油剂施用时形成的雾滴非常细，雾滴受风影响较大，不适宜在有风天气操作。另外，施用时必须注意施药人员要处在上风口，避免置身药雾中中毒。超低容量喷雾油剂不能做常量喷雾使用，不能加水喷雾使用，以免对作物产生药害。

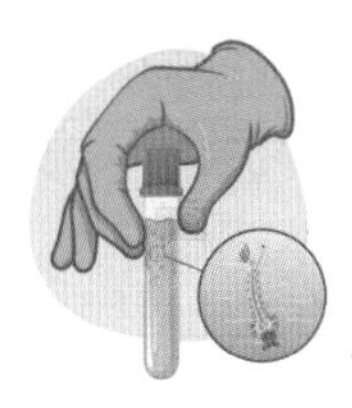

用水稀释后喷雾使用的剂型

1. 可湿性粉剂（WP）

可湿性粉剂是指易被水润湿并能在水中分散、悬浮的粉状剂型，它是由不溶于水的原药与润湿剂、分散剂、填料混合，经粉碎而成，加水混合后可形成稳定的、分散性良好的可供喷雾的悬浮液，如50%代森锰锌WP、10%吡虫啉WP等。可湿性粉剂的颗粒一般较粗，药粒沉降较快，施用中应搅动，否则就会造成喷施的药液前后浓度不一致，影响药效。可湿性粉剂为固态农药制剂，配制低容量喷雾药液（一般药液量小于2升）时会显得黏度太大而不能有效喷雾，所以，可湿性粉剂一般只做常量喷雾使用。

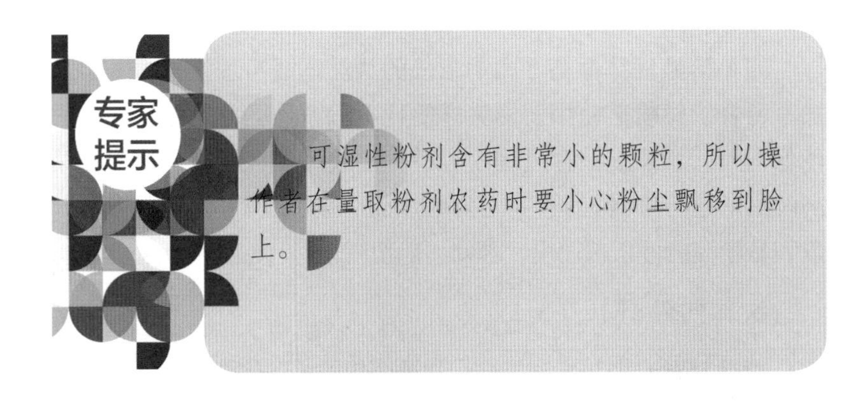

专家提示

可湿性粉剂含有非常小的颗粒，所以操作者在量取粉剂农药时要小心粉尘飘移到脸上。

2. 水分散粒剂（WG）

水分散粒剂一般呈球状或圆柱状颗粒，在水中可以较快地崩解、分散成细小颗粒，稍加摇动或搅拌就会形成高悬浮的农药分散剂，供喷雾施用。它避免了可湿性粉剂使用过程中的粉尘飞扬现象。在储运和使用中应该避免过度挤压，以免颗粒破碎而失去了剂型优势。水分散粒剂外形像颗粒剂，具有粒剂的性能，一般都具有较高的有效含量，不能用来直接撒施。

3. 乳油（EC）

乳油是使用非常普遍的农药剂型，由农药原药溶解在有机溶剂中，再加入乳化剂制成。使用时用水稀释，以油珠均匀分散在水中并形成相对稳定的乳状液喷雾，配制的药液通常呈乳白色。乳油在使用时如果出现浮油或沉淀，药液就无法喷洒均匀，导致药效无法正常发挥，甚至出现药害。用乳油配制药液时要搅拌，药液配好后要尽快用完。乳油大多使用挥发性较强的芳香烃类有机溶剂，储运中必须密封，未用完的药剂也必须密闭保存，以免溶剂挥发，破坏配方均衡而影响使用。另外，乳油一般不直接喷施，需要加水稀释后喷雾。

4. 悬浮剂（SC）

水不溶性固体原药在水中形成的悬浮体系叫悬浮剂。悬浮剂加水稀释，供喷雾使用，使用方便且不污染环境，是比较理想的环保剂型。悬浮剂储存过程中容易分层或沉淀，所以，使用悬浮剂时必须进行外观检验，如有分层或沉淀经摇动可恢复，加水分散和悬浮合格可正常使用，否则不能使用。

5. 微乳剂（ME）

微乳剂看起来与乳油一样，是透明状的，但与乳油不同的是，微乳剂兑水稀释后呈近乎透明的乳状液，而不像乳油形成浓乳白色乳状液，这是因为微乳剂在水中分散成特别微小的颗粒，所以呈现透明状。

案例

用颗粒农药泡水喷雾导致中毒事故

2009 年 7 月，山东一棉农把高毒农药 3% 克百威颗粒剂（呋喃丹）用水浸泡，过滤去除渣子后，在田间喷雾，防治棉花蚜虫，操作过程中吸入农药雾滴，出现恶心、呕吐中毒症状，幸运的是送医院抢救及时，未造成死亡。

点评

克百威又名呋喃丹，是一种高毒氨基甲酸酯类杀虫剂，对蚜虫、线虫、天牛等多种害虫都有很好的效果，因其经口毒性高、经皮毒性低，为保障操作人员安全，我国只允许加工成 3% 呋喃丹颗粒剂使用。但部分用户片面追求防治效果，把 3% 呋喃丹颗粒剂用水浸泡后喷雾使用。喷雾过程中，药液漏到操作者身上，细小雾滴被操作者吸入就会造成中毒事故。广大农户千万要记住，不可把颗粒剂泡水喷雾使用，而应严格按照说明书来使用。

话题 5　农药产品型号多，通用名称要标明

市场上农药产品五花八门，部分农药的名称如雷贯耳，如“×× 必杀”“×× 王”“××× 一次净”，十分夸张，大有澄清宇宙害虫之气概。广大农户一定要了解国家的有关规定，农药产品必须要标明其有效成分，且必须用国家命名的通用名称。

一般来说，一种农药的名称有化学名称、通用名称和商品名称（我国从 2008 年开始取消商品名称），为突出品牌效应，农药也有商标名称。

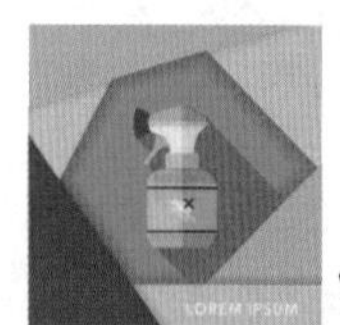

化学名称

化学名称是按有效成分的化学结构，根据化学命名原则定出的名称，在科普书籍中一般不常采用，但国外农药标签和使用说明书上经常列有化学名称。

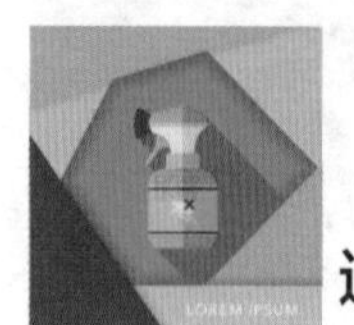

通用名称

通用名称是农药品种的简短“学名”，我国规定农药使用中

文通用名称和国际通用名称（英文通用名称）。中文通用名称在中国范围内通用，命名是由国家标准化机构组织专家制定的，并以强制性的标准发布施行。我国《农药通用名称》标准中规定了1 000个农药的通用名称，分杀虫剂、杀螨剂、增效剂、杀鼠剂、杀菌剂、除草剂、除草安全剂和植物生长调节剂八类。因此，在国内科研、教学、生产、商贸、出版物、广告等有关领域，凡涉及农药有效成分名称的，均应采用该标准规定的通用名称，任何农药标签或说明书上都必须标注农药的中文和英文通用名称。

商品名称

商品名称是农药生产企业为其产品在市场上流通所起的名字。农药通用名称只有一个，但是商品名称不同企业有不同的名字，五花八门，同样一个药剂，有多达七百多个商品名称，“一药多名”现象非常普遍。例如，以通用名称吡虫啉为有效成分的可湿性粉剂，其商品名称有“一遍净”“大功臣”“四季红”“大丰收”“蚜克西”“赛李逵”“边打边落”“大铡刀”“蚜虎”“速擒”等600多个商品名称，商品名称花样翻新，但产品质量和应用技术没有变化，增加了用户选择农药的难度，也增加了用户使用农药的成本。为解决这种农药产品“一药多名”和标签管理不规范等比较突出的问题，农业部在2007年年底发出通知，决定取消农药的商品名称，只允许用通用名称和简化通用名称。

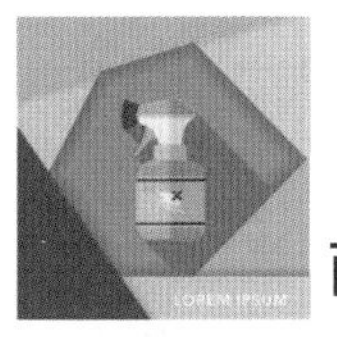

商标名称

商标名称是农药生产企业为使自己的农药产品与其他企业相

同通用名称的农药产品相区别，而在商品及其包装上或服务标记上使用由文字、图形、字母、数字、三维标志和颜色组合，以及上述要素的组合所构成的一种可视性标志。停止使用商品名称后，不少企业把原商品名称登记在商标名称中使用。

案例

偷加农药成分不标明，家蚕丧命惹官司

2006年6月，安徽某地植桑、养蚕专业村的20余户农户，购回80%敌敌畏乳油防治桑叶害虫，结果发现用打过药的桑叶喂养的家蚕出现大面积的身体蜷曲、摇头、吐黄水等异常现象，随后渐渐萎缩死亡。经过当地农技部门抽样检测，发现该批农药80%敌敌畏乳油中混有0.5%的氯氰菊酯，原来是生产企业为了增加药效，在产品中又加入其他有效成分所致。

点评

敌敌畏是一种广谱中等毒有机磷杀虫剂，可用于防治蚜虫、红蜘蛛、稻飞虱等多种害虫。因其对家蚕毒性低，可以用于防治桑螟、桑蟥、桑介、桑木虱等桑树害虫。氯氰菊酯是一类广谱的拟除虫菊酯杀虫剂，与敌敌畏混用，可以提高对蚜虫、螟虫等害虫的防治效果。但因其对家蚕毒性很高，所以在桑树上是不可以使用的。本案例中的生产企业为了片面追求防治效果，在80%敌敌畏乳油中违规添加了氯氰菊酯，且没有在农药标签中说明，导致家蚕的死亡，最后赔偿蚕农损失。

喷施农药学问大，大家都要看仔细……

第二讲

农药的选购与储存

话题1　农药销售有规定，店家厂名要记清

购买农药是使用农药的第一步，也是科学、安全使用农药的第一步，如何才能购买到放心农药呢？其实，购买农药也是一门学问，在本话题中我们将详细地讲解，通过学习你也会成为购买农药的“行家”！

正确选择购买农药的地点

很多农友在购买农药时图方便、图便宜，就在集市上购买或在串乡的小摊上购买，这虽然会降低使用农药的经济投入，但是会增加购买到假冒伪劣农药的风险！所以要正确选择购买农药的地点，要选择合法的农药经营店，这些农药经营店一般诚信度高、在当地有一定的影响力。

2017 年 6 月 1 日施行的《农药管理条例》第二十四条规定，国家实行农药经营许可制度，但经营卫生用农药的除外。农药经营者应当具备下列条件，并按照国务院农业主管部门的规定向县级以上地方人民政府农业主管部门申请农药经营许可证：

- 有具备农药和病虫害防治专业知识，熟悉农药管理规定，能够指导安全合理使用农药的经营人员；
- 有与其他商品以及饮用水水源、生活区域等有效隔离的营业场所和仓储场所，并配备与所申请经营农药相适应的防护设施；
- 有与所申请经营农药相适应的质量管理、台账记录、安全防护、应急处置、仓储管理等制度。

经营限制使用农药的，还应当配备相应的用药指导和病虫害防治专业技术人员，并按照所在地省、自治区、直辖市人民政府农业主管部门的规定实行定点经营。

要做一个“斤斤计较”的购买者

购买农药时，一定要仔细，要向农药经销商索要正式发票，千万不要小看了这一张薄纸，因为万一农药出现了问题，发票便是追究经销商责任的最有力武器！

选够“三证”齐全的农药产品

购买农药要购买“三证”齐全的农药。“三证”是指农药登记证号、产品标准号、农药批准证号。购买时可向农药经销商索要农药登记复印件，与要购买的农药仔细核对，不可购买没有“三证”的农药产品。

选择合适的农药品种

根据防治的目的，仔细察看农药的标签，要选择与标签上标注的适用作物和防治对象相一致的农药，同时为了降低使用的安全风险，广大农户一定要优先选择用量少、毒性低、安全性好、残留少的农药产品。为了降低农药储存时间，进而减少储存安全事故的发生率，一定要按需购药，既不可不够用，也不能买太多。

选购农药做好三检查工作

检查农药的出厂日期及有效期　农药和一般的商品一样都有有效期，过期的农药，其有效成分会发生部分分解，效力下降，所以选购时要首先检查农药的出厂日期及有效期，并根据检查结果判定产品是否在质量有效状态。农药的有效期一般为两年，只有在有效期内的农药，其防治病、虫、草害的效果才能得到保证。未标注生产日期的农药绝对不能买！

检查农药的外观　农药的外观在一定程度上可以反映农药的质量，对于乳油制剂，一定要观察是否浑浊、是否有沉淀。农药在长期存放的情况下，可能发生少量分层的现象，一般经摇晃可恢复原状，若产品经摇晃后不能恢复原状或有结块，说明可能存在质量问题。对于粉剂，常出现两种问题：一是结块；二是颜色不均匀。结块说明粉剂受潮，受潮后的粉剂不仅产品细度达不到要求，而且有效成分的含量也发生变化；颜色不均匀，说明产品质量存在缺陷。对于熏蒸用的药片剂如果呈粉末状，说明已经失效。

检查农药的包装　农药的包装是否完整是药剂产品质量的重要标志，购买时要注意封装的瓶塞是否牢固，是否有药液溢出，粉剂的包装袋是否有破裂，如果发现上述现象，农药的质量可能会受到影响。

上海市2009年6月1日施行的《农药经营使用管理规定》中规定：农药经营单位应当向农药购买者出具发票。按照发票管理的规定可以不出具发票，但农药购买者要求提供发票或者其他销售凭据的，农药经营单位应当开具发票或者其他销售凭据。销售凭据应当注明售出农药的名称、数量、购买时间以及农药经营单位名称等信息。2009年5月颁布的《湖北省植物保护条例》规定：农药销售实行可追溯制度。《农药管理条例》规定：农药经营者销售农药应当建立购销台账，对产品来源、产品信息、购买者进行记录。出售农药应当开具销售发票。

话题2　农药产品要登记，三个号码表身份

我国实行的是农药登记管理制度，经营者只有获得了农药登记的产品才能在市场上销售，农药产品包装上一定要注明登记证号、准产证号和标准号三个号码，这是判断农药真假的最有效手段。

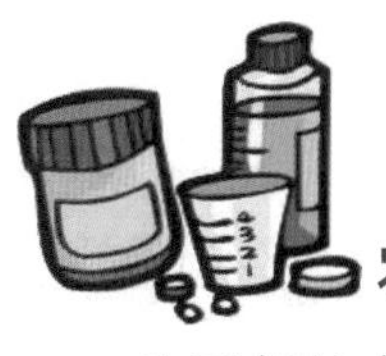

农药登记制度

为了保护农药使用者的安全、保护农产品的安全、保护环境安全，我国实行农药登记制度。《农药管理条例》第七条规定，国家实行农药登记制度。第十三条规定，农药登记证应当载明农药名称、剂型、有效成分及其含量、毒性、使用范围、使用方法和剂量、登记证持有人、登记证号以及有效期等事项。

- 农药登记证有效期为5年。有效期届满，需要继续生产农药或者向中国出口农药的，农药登记证持有人应当在有效期届满90日前向国务院农业主管部门申请延续。

- 农药登记证载明事项发生变化的，农药登记证持有人应当按照国务院农业主管部门的规定申请变更农药登记证。

- 国务院农业主管部门应当及时公告农药登记证核发、延续、变更情况以及有关的农药产品质量标准号、残留限量规定、检验方法、经核准的标签等信息。

违反登记制度的处罚

《农药管理条例》第五十二条规定：

- 未取得农药生产许可证生产农药或者生产假农药的，由县级以上地方人民政府农业主管部门责令停止生产，没收违法所得、违法生产的产品和用于违法生产的工具、设备、原材料等，违法生产的产品货值金额不足1万元的，并处5万元以上10万元以下罚款，货值金额1万元以上的，并处货值金额10倍以上20倍以下罚款，由发证机关吊销农药生产许可证和相应的农药登记证；构成犯罪的，依法追究刑事责任。

● 取得农药生产许可证的农药生产企业不再符合规定条件继续生产农药的，由县级以上地方人民政府农业主管部门责令限期整改；逾期拒不整改或者整改后仍不符合规定条件的，由发证机关吊销农药生产许可证。

● 农药生产企业生产劣质农药的，由县级以上地方人民政府农业主管部门责令停止生产，没收违法所得、违法生产的产品和用于违法生产的工具、设备、原材料等，违法生产的产品货值金额不足1万元的，并处1万元以上5万元以下罚款，货值金额1万元以上的，并处货值金额5倍以上10倍以下罚款；情节严重的，由发证机关吊销农药生产许可证和相应的农药登记证；构成犯罪的，依法追究刑事责任。

● 委托未取得农药生产许可证的受托人加工、分装农药，或者委托加工、分装假农药、劣质农药的，对委托人和受托人均依照本条第一款、第三款的规定处罚。

只有取得登记证的农药才可以做广告

现在，很多报纸和电视台都在刊登、播放农药广告，按照我国政府规定，未经登记的农药，禁止刊登、播放、设置、张贴广告；已取得农药登记证的农药，其广告内容必须与农药登记的内容一致。

农药“三证号”

农药“三证号”是指农药生产许可证号、农药标准号和农药登记证号。“三证号”以产品为单位发放，即每种农药产品、同一种农药产品不同企业生产，都应该有各自的“三证号”。农药“三证号”示例如下：

农药登记号：PD201606××

执行标准号：Q/××ZN002—2003

生产批准证书号：HNP 32224-C11××

农药产品有了“三证”，若不按“三证”中规定的技术要求组织生产，产品质量达不到“三证”的有关规定，产品即为劣质次品，生产企业要负法律责任。

每家农药企业生产销售的每一种农药产品，在农药标签上必须标明该产品在我国取得的农药登记证号、农药生产许可证号或农药生产批准证书号；境内生产使用的产品，应注明执行的产品标准号。“三证”不齐或冒用其他农药产品“三证”或冒用其他企业“三证”，产品属伪劣假冒范围，是违法行为，购买者可以向当地主管部门举报。

冒用他人登记证，坑农害农不利己

2009年5月，河北保定某地的番茄种植户，从经销商处购买了一种名称为“灰安”的杀菌剂，经销商说对灰霉病有特效。可农户在喷施后，发现番茄停止了生长。经农技部门检查，虽然该包装上有农药登记证号，但冒用的是山东青岛一家正规公司的农药登记证号，商标名称与青岛企业的产品不一样，根本不是山东青岛公司的产品，而是冒用他人登记证号的产品。

点评

该产品在包装上用醒目的字体标明“灰安”，却没有通用名称，这本身就违法，虽然在包装上有登记证号，可经过查询，发现登记证号是冒用正规企业的号码。出售该产品是典型的冒用他人证号非法牟利的行为。建议用户在购买农药后，可根据包装上农药登记证号，上网查询生产企业、防治对象等信息，若发现网上查询到的信息与农药包装上的信息不一致，尽快与当地农业部门联系。

话题3　购买农药留凭证，消费维权有途径

在农业生产中，广大农户常常遇到购买的农药不起作用，甚至施药后造成作物药害，给农业生产带来损失的情形，找销售商理论，往往得不到一个合理的答复，还要生一肚子闷气。当怀疑自己买的是假农药时，怎样才能维护自己的合法权益呢？谈到这个问题，必须简要地了解相关的法律知识。通过本话题的讨论，对于如何维护自己的合法权益的问题，希望大家都可以找到一条解决之道！

消费者协会

中国消费者协会是中国广大消费者的组织，是一个具有半官方性质的群众性社会团体。消费者协会是由政府有关部门发起，经国务院或地方各级人民政府批准，依法成立的社会团体，具有社会团体法人资格，依据法律赋予的七项职能，专门从事消费者权益保护工作的公益性组织。消费者协会的任务有两项，一是对商品和服务进行社会监督；二是保护消费者权益。

中国消费者协会的宗旨是：对商品和服务进行社会监督，保护消费者的合法权益，引导广大消费者合理、科学消费，促进社会主义市场经济健康发展。

消费者协会的职能

根据《消费者权益保护法》第三十七条规定，消费者协会履行下列公益性职责：

- 向消费者提供消费信息和咨询服务，提高消费者维护自身合法权益的能力，引导文明、健康、节约资源和保护环境的消费方式；
- 参与制定有关消费者权益的法律、法规、规章和强制性标准；
- 参与有关行政部门对商品和服务的监督、检查；
- 就有关消费者合法权益的问题，向有关部门反映、查询，提出建议；
- 受理消费者的投诉，并对投诉事项进行调查、调解；
- 投诉事项涉及商品和服务质量问题的，可以委托具备资格的鉴定人鉴定，鉴定人应当告知鉴定意见；
- 就损害消费者合法权益的行为，支持受损害的消费者提起诉讼或者依照本法提起诉讼；

- 对损害消费者合法权益的行为，通过大众传播媒介予以揭露、批评。

各级人民政府对消费者协会履行职责应当予以必要的经费等支持。

消费者协会应当认真履行保护消费者合法权益的职责，听取消费者的意见和建议，接受社会监督。

依法成立的其他消费者组织依照法律、法规及其章程的规定，开展保护消费者合法权益的活动。

消费者权益保护法对于赔偿问题的规定

获取赔偿权也称作消费者的求偿权，依照《消费者权益保护法》第十一条的规定，消费者因购买、使用商品或者接受服务受到人身、财产损害的，享有依法获得赔偿的权利。

1. 享有求偿权的主体

- 商品的购买者、使用者。
- 服务的接受者。
- 第三人，指消费者之外的因某种原因在事故发生现场而受到损害的人。

2. 求偿的内容

- 人身损害的赔偿，无论是生命健康还是精神方面的损害均可要求赔偿。

财产损害的赔偿，依照消费者权益保护法及合同法等相关法律的规定，包括直接损失及可得利益的损失。

《消费者权益保护法》第四十条规定：

消费者在购买、使用商品时，其合法权益受到损害的，可以向销售者要求赔偿。销售者赔偿后，属于生产者的责任或者属于向销售者提供商品的其他销售者的责任的，销售者有权向生产者或者其他销售者追偿。

消费者或者其他受害人因商品缺陷造成人身、财产损害的，可以向销售者要求赔偿，也可以向生产者要求赔偿。属于生产者责任的，销售者赔偿后，有权向生产者追偿。属于销售者责任的，生产者赔偿后，有权向销售者追偿。

消费者在接受服务时，其合法权益受到损害的，可以向服务者要求赔偿。

第四十一条规定：

消费者在购买、使用商品或者接受服务时，其合法权益受到损害，因原企业分立、合并的，可以向变更后承受其权利义务的企业要求赔偿。

怀疑买了假农药，应该怎么办？

通过前文三个问题的讲解，你已经从法律层面对如何维护自己的合法权益有了认识，如果你怀疑自己购买了假农药，或已经遭受伤害和经济损失，可以通过以下途径解决：

- 找销售商协商解决。
- 找消费者协会调解。
- 运用法律武器维护自己的合法权益。

案例

假冒农药致药害，运用法律获赔偿

2009 年 2 月 20 日，广宗县某乡一王姓村民来到威县工商消费者协会投诉，称其在威县某镇一农资门市的马某处花 30 元购买的蔬菜大棚杀菌剂“天下无霜”烟剂，在西红柿大棚内使用后，导致西红柿苗死亡，但马某却以使用不当为理由，不予赔偿。接诉后，该县工商消费者协会立即组织人员深入调查。经查，该农药是由高公庄乡王某总经销，由“邢台某某有限公司”生产的，是盗用他人登记证号的假药，又经过对大棚西红柿现场检查，确有干叶现象，可能造成减产。经县工商消费者协会反复调解，达成协议，由经销方马某和王某共同赔偿消费者损失费 6 600 元。同时，对王某经销假农药的行为移交工商部门立案处理。

点评

案例中王姓村民的做法值得大家学习和借鉴，遇到侵犯自己合法权益的事情，不要着急，更不要失去理智，要运用法律武器维护自己的合法权益，工商局、农业局、消费者协会都是寻求帮助的对象。

话题 4　农药标签信息多，仔细阅读别弄错

农药标签中有大量的科学信息，其中农药的用量、用法、安全注意事项等都是经过大量科学实验得出的，因此，农药标签被认为是“世界上最昂贵的文献”。标签是农药安全使用的基础，广大农户一定要认真仔细阅读。为了规范农药标签和说明书管理，保证农药使用的安全，根据《农药管理条例》，农业部令 2017 年第 7 号公布了《农药标签和说明书管理办法》，自 2017 年 8 月 1 日起施行。

农药标签的作用

农药标签反映了包装内农药产品的基本属性。从一定意义上讲，使用者能不能安全、有效地使用农药，在很大程度上取决于其对标签上的内容是否能看懂并完全理解，因此，为了用好农药，不出差错，避免造成意外的伤害和损失，在使用农药前一定要仔细、认真地阅读农药标签和说明书。由于标签的内容是经过农药登记部门严格审查并获得批准后才允许使用的，因此，在一定程度上具有法律效力。使用者按照标签上的说明使用农药，不仅能达到安全、有效的目的，而且也能起到保护消费者自身权益的作用。

如果按照标签用药，出现了中毒或作物药害等问题，可向有关管理部门或法院投诉，要求赔偿经济损失。生产厂家或经销单位应承担法律责任。反之，不按标签指南和建议使用农药，出现上述问题，则由使用者自己负责。

近年来，因不按标签说明用药出了事故，而在法律纠纷中又败诉的教训是不少的。由此可见，农药标签对于广大农民用户无论是在技术上还是在维护自身利益方面都是十分重要的。

农药标签都包含哪些信息

根据农业部 2017 年 6 月 21 日颁布的《农药标签和说明书管理办法》的规定和要求，合格的农药标签必须包括以下内容：

1. 农药名称、剂型、有效成分及其含量

（1）农药名称的规定

农药名称应当与农药登记证的农药名称一致。农药名称应当显著、突出，字体、字号、颜色应当一致，并符合以下要求：

- 对于横版标签，应当在标签上部三分之一范围内中间位置显著标出；对于竖版标签，应当在标签右部三分之一范围内中间位置显著标出。

- 不得使用草书、篆书等不易识别的字体，不得使用斜体、中空、阴影等形式对字体进行修饰。

- 字体颜色应当与背景颜色形成强烈反差。

- 除因包装尺寸的限制无法同行书写外，不得分行书写。

- 除“限制使用”字样外，标签其他文字内容的字号不得超过农药名称的字号。

（2）剂型、有效成分及其含量的规定

- 有效成分及其含量和剂型应当醒目标注在农药名称的正下方（横版标签）或者正左方（竖版标签）相邻位置（直接使用的卫生用农药可以不再标注剂型名称），字体高度不得小于农药名称的二分之一。

- 混配制剂应当标注总有效成分含量以及各有效成分的中文通用名称和含量。各有效成分的中文通用名称及含量应当醒目标注在农药名称的正下方（横版标签）或者正左方（竖版标签），字体、字号、颜色应当一致，字体高度不得小于农药名称的二分之一。

（3）农药标签和说明书不得使用未经注册的商标

标签使用注册商标的，应当标注在标签的四角，所占面积不得超过标签面积的九分之一，其文字部分的字号不得大于农药名称的字号。

2. 农药登记证号、产品质量标准号以及农药生产许可证号

3. 农药类别及其颜色标志带、产品性能、毒性及其标识

（1）关于农药类别的标示

农药类别应当采用相应的文字和特征颜色标志带表示，不同

类别的农药采用在标签底部加一条与底边平行的、不褪色的特征颜色标志带表示。

- 除草剂用“除草剂”字样和绿色带表示。
- 杀虫（螨、软体动物）剂用“杀虫剂”或者“杀螨剂”“杀软体动物剂”字样和红色带表示。
- 杀菌（线虫）剂用“杀菌剂”或者“杀线虫剂”字样和黑色带表示。
- 植物生长调节剂用“植物生长调节剂”字样和深黄色带表示。
- 杀鼠剂用“杀鼠剂”字样和蓝色带表示。
- 杀虫 / 杀菌剂用“杀虫 / 杀菌剂”字样、红色和黑色带表示。

农药类别的描述文字应当镶嵌在标志带上，颜色与其形成明显反差。其他农药可以不标注特征颜色标志带。

（2）关于产品性能的标示

产品性能主要包括产品的基本性质、主要功能、作用特点等。对农药产品性能的描述应当与农药登记批准的使用范围、使用方法相符。

（3）关于毒性的标示

- 毒性分为剧毒、高毒、中等毒、低毒、微毒五个级别，分别用“标识”和“剧毒”字样、“标识”和“高毒”字样、“标识”和“中等毒”字样、“标识”和“低毒”字样、“标识”和“微毒”字样标注。标识应当为黑色，描述文字应当为红色。
- 由剧毒、高毒农药原药加工的制剂产品，其毒性级别与原药的最高毒性级别不一致时，应当同时以括号标明其所使用的原药的最高毒性级别。

◉ 毒性及其标识应当标注在有效成分含量和剂型的正下方（横版标签）或者正左方（竖版标签），并与背景颜色形成强烈反差。

4. 使用范围、使用方法、剂量、使用技术要求和注意事项

（1）关于使用范围

使用范围主要包括适用作物或者场所、防治对象。

（2）关于使用方法

使用方法是指施用方式。

（3）关于使用剂量

使用剂量以每亩使用该产品的制剂量或者稀释倍数表示。种子处理剂的使用剂量采用每 100 公斤种子使用该产品的制剂量表示。特殊用途的农药，使用剂量的表述应当与农药登记批准的内容一致。

（4）关于使用技术

◉ 使用技术要求主要包括施用条件、施药时期、次数、最多使用次数，对当茬作物、后茬作物的影响及预防措施，以及后茬仅能种植的作物或者后茬不能种植的作物、间隔时间等。

◉ 限制使用农药，应当在标签上注明施药后设立警示标志，并明确人畜允许进入的间隔时间。

◉ 安全间隔期及农作物每个生产周期的最多使用次数的标注应当符合农业生产、农药使用实际。

（5）关于注意事项

注意事项应当标注以下内容：

● 对农作物容易产生药害或者对病虫容易产生抗性的，应当标明主要原因和预防方法；

● 对人畜、周边作物或者植物、有益生物（如蜜蜂、鸟、蚕、蚯蚓、天敌及鱼、水蚤等水生生物）和环境容易产生不利影响的，应当明确说明，并标注使用时的预防措施、施用器械的清洗要求；

● 已知与其他农药等物质不能混合使用的，应当标明；

● 开启包装物时容易出现药剂泄漏或者人身伤害的，应当标明正确的开启方法；

● 施用时应当采取的安全防护措施；

● 国家规定禁止的使用范围或者使用方法等。

5. 中毒急救措施

● 中毒急救措施应当包括中毒症状及误食、吸入、眼睛溅入、皮肤沾附农药后的急救和治疗措施等内容。

● 有专用解毒剂的，应当标明，并标注医疗建议。

● 剧毒、高毒农药应当标明中毒急救咨询电话。

6. 储存和运输方法

储存和运输方法应当包括储存时的光照、温度、湿度、通风等环境条件要求及装卸、运输时的注意事项，并标明“置于儿童接触不到的地方”“不能与食品、饮料、粮食、饲料等混合储存”等警示内容。

7. 生产日期、产品批号、质量保证期、净含量

● 生产日期应当按照年、月、日的顺序标注，年份用四位数字表示，月、日分别用两位数表示。

- 产品批号包含生产日期的，可以与生产日期合并表示。

- 质量保证期应当规定在正常条件下的质量保证期限，质量保证期也可以用有效日期或者失效日期表示。

- 净含量应当使用国家法定计量单位表示。特殊农药产品，可根据其特性以适当方式表示。

8. 农药登记证持有人名称及其联系方式

联系方式包括农药登记证持有人、企业或者机构的住所和生产地的地址、邮政编码、联系电话、传真等信息。

9. 可追溯电子信息码

- 可追溯电子信息码应当以二维码等形式标注，能够扫描识别农药名称、农药登记证持有人名称等信息。信息码不得含有违反《农药标签和说明书管理办法》规定的文字、符号、图形。

- 可追溯电子信息码格式及生成要求由农业部制定。

10. 象形图

象形图包括储存象形图、操作象形图、忠告象形图、警告象形图。象形图应当根据产品安全使用措施的需要选择，并按照产品实际使用的操作要求和顺序排列，但不得代替标签中必要的文字说明。

11. 农业部要求标注的其他内容

农药标签和说明书不得标注任何带有宣传、广告色彩的文字、符号、图形，不得标注企业获奖和荣誉称号。法律、法规或者规章另有规定的，从其规定。示例见表2—2。

表2—2　　单栏农药标签示意

商标区

农药登记证号：
生产许可证号（或生产批准文件）：
产品标准号：

产品名称

（含量剂型）

有效成分通用名称　英文通用名称　含量

成分1
成分2
成分3

毒性标志

产品说明：

使用范围和施用方法：

作物	防治对象	用药量，有效成分	亩用制剂量（稀释倍数）	施用方法

安全间隔期：
注意事项（分条列出）：
1
2
3
中毒急救（分条列出）：
1
2
3
储存运输（分条列出）：
1
2
3
生产日期：　　保质期：　　净含量：　克（毫升）

企业名称：
地址：　　电话：　　传真：
象形图
颜色标志带

不阅读农药标签，误喷除草剂杀死小麦苗

2006年3月，河南某地的一小麦种植户，从经销商处购买了一瓶41%草甘膦水剂，他只知道这是一种除草剂，可没有仔细阅读标签，将这种灭生性除草剂喷洒到小麦田中，结果杂草和4亩小麦苗一起被杀死了。

点评

虽然草甘膦是一种非常好的除草剂，但不能胡乱使用，因其是灭生性的除草剂，对植物没有选择性，几乎所有绿色植物，不论是作物还是杂草，着药后都会被杀伤或被杀死。草甘膦水剂主要用于非耕地除草，采取保护措施的条件下可以用于棉花、果园的杂草防除。这些信息在41%草甘膦水剂的标签上都有详细说明，可该农户没有仔细阅读，就把它喷洒到小麦田，导致4亩小麦被杀死，只能自己承担后果。

话题5　直观表示象形图，安全用药不糊涂

话题4中谈到在农药标签中要有象形图，这主要是对那些识字困难的农户设计的一系列简明易懂的图形，便于农户直观地了解所购买农药的安全使用知识。

考虑到大多数发展中国家农民文化素质较低，国际农药工业协会（GIFAP）和联合国粮农组织（FAO）联合提出了一套象形图标志，以此作为农药标签上文字说明的一种辅助形式，用于帮助识字不多的农民用户了解文字内容。象形图分为储存、操作、忠告和警告四部分。象形图的位置一般放在标签的下方，也可放在说明文字旁边。我国要求在农药标签上印刷有利于安全使用的象形图。

储存象形图

表示农药应该放在远离儿童的地方，并加锁，如图2—1所示。

图2—1　农药存放示意

操作象形图

这组图不会单独出现在标签上，而是与其他忠告象形图搭配使用，如图 2—2 所示。

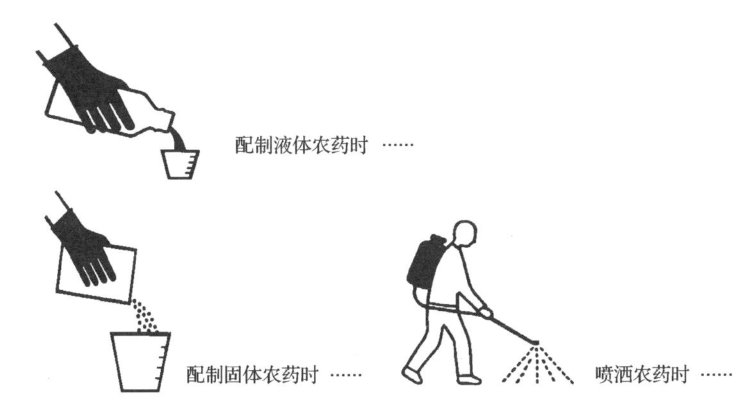

图 2—2　农药使用方法示意

忠告象形图

这组图与安全操作和施药有关，包括防护服和安全措施，如图 2—3 所示。

警告象形图

这组图与标签安全内容相一致时，应单独使用。例如，当药液或喷雾雾滴飘移对鱼有毒时，标签上会出现对鱼有毒的象形图，如图 2—4 所示。

图 2—3　农药使用忠告示意

对家畜有害

对鱼有害，不要污染湖泊、河流、池塘和小溪等水源地

图 2—4　农药使用警告象形图

在某一农药产品的标签上印刷有如图 2—5 所示象形图，说明该农药必须放在远离儿童的地方，并应加锁单独保存；在用后，要注意清洗，切勿污染湖泊、河流、池塘和小溪等水源地。

图 2—5　某农药标签的象形图

话题 6　量取稀释要准确，超量使用出事故

与医药一样，使用农药是否有效、是否安全取决于农药的剂量，按照农药标签的说明正确量取农药，安全就有保证；若任意增加用药剂量，就像多吃几片安眠药一样，可能就会造成致命事故。

农药的田间用药量

农药的量取、稀释、使用就像医生给病人抓药的过程一样，要告诉患者每天吃几次药，每次吃几片，这个过程就是一个“剂量”的准确量取、稀释的过程。这是因为农药的生物活性就是一个“剂量反应”过程，比如 2，4-D 是一种激素类型的除草剂，用 2.5 毫克 / 升浓度的 2，4-D 药液喷花，可以增加茄子的坐果率；但如果把 2，4-D 的浓度提高到 2 500 毫克 / 升时，则作为除草剂来使用，能杀死茄子等作物。

农药标签上的田间用药量表示方法

农药标签上关于田间用药量有以下几种表示方法：

亩用农药制剂量　固态农药制剂用“克 / 亩”表示（如 20 克 / 亩），液态制剂用“毫升 / 亩”表示（如 20 毫升 / 亩）。

有效成分用量　我国农药登记中，需要注明农药制剂的有效成分用量，通常用每公顷多少克来表示，如用 10% 吡虫啉可湿性粉剂防治小麦蚜虫，有效成分用量为 30 克 / 公顷（30 克 / 公顷＝2 克 / 亩，每公顷为 15 亩），折合成制剂量就是 20 克 / 亩。

稀释倍数　对于果树、蔬菜等作物，也用农药制剂稀释倍数表示，如稀释 600 倍。

药剂浓度　在有些情况下，如植物生长调节剂，也可以用浓度表示用药量，例如，用 2.5 毫克 / 升的药液喷花。

农药制剂稀释后的表示方法

农药制剂用水稀释后的药液表示方法有三种，用户应按照农药标签上的要求或请教农业技术人员，根据单位农药制剂用量、防治面积、喷雾器械等因素确定农药制剂的稀释方案，计算确定农药稀释后的浓度，并据此计算稀释用水量。

百分含量　其符号是“%”，表示用清水把农药制剂稀释后，药液中含有农药有效成分量的比例，例如，含量 0.1% 的百菌清悬浮液，表示10升药液中含有百菌清10克。

百万分之一 过去习惯用ppm表示，即在一百万份的药液中含有的有效成分的份数，现根据国际规定百万分率已不再使用ppm表示，而统一用毫克/升（mg/L）或毫克/千克（mg/kg）来表示。

倍数法 即兑水或其他稀释剂的量为商品农药量的倍数，例如，用40%毒死蜱乳油稀释1 000~1 500倍液喷雾防治柑橘潜叶蛾，即用40%毒死蜱乳油1毫升，兑水1~1.5升稀释。

我国大多采用常规喷雾方法，为计算方便，很多农药习惯采用倍数法表示，如某农药化工公司生产的80%波尔多液可湿性粉剂要求稀释600~800倍喷雾防治葡萄霜霉病。有些产品则采用有效成分含量来表示药液浓度，例如，美国某公司在80%波尔多液可湿性粉剂使用要求中，要求采用浓度为2 000~2 667毫克/千克的药液喷雾防治葡萄霜霉病，此时，有的农户就会说，那需要稀释多少倍呢？下面简单介绍一下两者之间的换算关系：

$$\frac{\text{农药制剂质量分数（克/千克或升）}\times 1\,000}{\text{稀释倍数}}$$

$$=\text{药液浓度（毫克/千克或升）}$$

因此，知道波尔多液可湿性粉剂的质量分数为80%（即800克/千克）；知道喷雾药液的浓度2 000~2 667毫克/千克，那么，需要的稀释倍数：

$$\text{稀释倍数}=\frac{\text{农药制剂质量分数}\times 1\,000}{\text{药液浓度}}=\frac{800\times 1\,000}{2\,000\text{~}2\,667}=400\text{~}300$$

经过计算得知，80%波尔多液可湿性粉剂稀释400~300倍液，就是2 000~2 667毫克/千克的药液。

配制药液时药剂用量的计算

1. 用药剂量或药液浓度的表示方法

制剂中有效成分的多少称为“含量”，药液中有效成分的多少称为“浓度”，单位如“毫克/升”（mg/L）。单位面积施用多少有效成分称为用药的“剂量”，单位如“克(有效成分)/公顷”[g(a.i.)/hm^2]。当然，用药剂量为药液浓度与药液用量之积。目前，对用药剂量或药液浓度主要有两种表述方法：

- 对一般大田作物，用药剂量以单位面积施用多少有效成分表示，单位为“克（有效成分）/公顷”，故同一种有效成分不同剂型、不同规格的多种制剂，或者不同药械、单位面积不同药液用量，其用药剂量都可以统一起来。

- 对果树林木，因不同地块树冠大小、种植密度差别很大，从而单位面积药液用量及其药剂用量无法一致，只有药液浓度是一样的，此时药液浓度往往变相地以某制剂多少倍稀释药液表述，如施用20%固体制剂稀释1 000倍液，即相当于药液浓度为200毫克/升，计算式为：

1克（制剂）×（20%/1 000克）（水）

=0.2克（有效成分）/1 000毫升（水）

=200毫克/升

2. 倍液的表述

- “倍液”指的是“制剂”稀释多少倍，不是指有效成分。

- 所谓稀释多少倍，对于以质量浓度表示含量的液体制剂，一般是体积对体积的概念，即 1 份体积稀释到多少倍体积；对于固体制剂以及以质量分数表示含量的液体制剂，则是质量对质量的概念，即 1 份质量稀释到多少倍质量。但鉴于水的相对密度是 1，用多少升与用多少千克是一回事，50 克药剂的 1 000 倍液，可以说要兑 50 千克水，也可以说兑 50 升水。

注意稀释倍数不到 100 倍时，兑的水要减去药剂所占的 1 份，如 50 倍液是 1 份药剂兑 49 份水，若是兑 50 份水，药液浓度偏低达 2% 左右。而稀释 100 倍以上，这个误差可以忽略不计，而且取水量本身也总会有点误差，如 200 倍液，用 1 份药剂兑 200 份水即可。

案例

超量用药导致后茬作物不出苗

2005 年 6 月，河北一农户在用 38% 莠去津悬浮剂喷雾防除夏玉米田杂草，标签上说明每亩地用药剂量是 150~200 毫升，为了提高防治效果，该农户想当然地就增加了用药量。结果 10 月种植小麦后，发现小麦出现了严重的死苗现象。

点评

莠去津是一种优良的玉米田除草剂，但其在土壤中较稳定，残效期可长达半年到一年，特别是在用药量偏高时易对后茬敏感作物如小麦、豆类等产生药害。因此，要严格按推荐剂量和产品标签上的用药量使用，不要盲目增加用药量。

话题 7　安全存放很重要，胡乱摆放吃错药

农药是一类很特殊的物品，一定要存放在远离儿童的地方，最好单独存放，并加锁。切忌与饮料、食品放在一起。我国每年都发生多起误把农药当饮料饮用导致人员中毒死亡的案例。

正确储存和保管农药的必要性

正确储存和保管农药是预防农药中毒的重要措施，保管不当不仅会使农药变质失效，一些易燃易爆的农药还可能引起火灾、爆炸等事故。保管混乱不仅会给取药、用药带来不便，而且给怀有不良目的的坏人和企图服用农药自杀的人以可乘之机，也有可能使儿童误服。为避免出现上述各种问题，必须妥善保管农药。

储存和保管农药注意事项

● 存放农药时，标签一定要完整、清晰，若存放时发现脱落或字迹不清，一定要重新写个标签贴在农药包装上，防止下次用

药时，拿错农药。

- 农药要储存于阴凉、干燥、通风和避光处，高温、潮湿、强光照射等都会加快农药分解失效，或引起农药爆炸（特别是农药烟剂产品，在高温下存放很容易引起着火事故）。

- 农药必须单独存放，不允许与粮食、饲料、食品等混合放在一起。如果在农户家里存放，必须放在专门的箱子里，箱子要上锁。因现在农药的产品包装越来越漂亮，很容易被误认为是饮料，全国每年都发生多起误把农药当饮料喝，导致中毒死亡的事故。

- 仓库中的农药，最好按杀虫剂、杀菌剂、除草剂、杀鼠剂和固体、液体、易燃、易爆及生产日期等，分门别类分开储存。

- 农户家里不要存放剧毒、高毒农药。剧毒、高毒农药是农药安全事故的主要祸源，若家里存放的剧毒、高毒农药被人拿去下毒，或者自杀，存放农药的农户个人因保管不善，要承担一定的法律责任。

- 防止农药挥发。敌敌畏、乐果等乳油制剂在储存时容易挥发，保管时一定要把瓶盖拧紧，放在包装箱内密封储存。

- 防止农药拼装混放。农药虽能混合使用，但要随混随用，用不完的两种或两种以上的农药应分别在原瓶中存放。有些农户图省事，合并在一起存放，时间长了，农药易失效。

- 对农场来说，大量农药应储藏在远离住房和牲口棚的地方，还要远离水源，以防可能由于农药渗漏而污染水源。储存农药的仓库要坚固，并设有通风、通气、防火、防爆等设备。仓库要有独立的排水系统，排出的污水应集中到一个废水池中。仓库保管人员应具有初中以上文化程度，并经过专业培训，掌握农药的基本知识。储存药区要标上“危险”“请勿进入”和“请勿吸烟”

等标志，大门要上锁。不允许儿童、动物及无关人员随意进入农药仓库。禁止在仓库中吸烟、喝水和吃东西。必须制定严格的安全保护制度，并且切实执行。

孩童误把农药当饮料，造成一死一伤

江西省上饶县的沈某购买了一瓶“赛丹”农药用来毒鱼，用后将剩下的半瓶农药放在自己三轮摩托车的工具箱中，并将工具箱的锁扣搭上但未上锁。当日下午六时许，沈某骑摩托车回家后将车停放在自己家前院，便去地里种菜。此时，叶某（邻居家的孩子，3岁半）与沈某的儿子（3岁）结伴爬上沈某的摩托车玩耍，并翻出工具箱中与矿泉水瓶放在一起的半瓶农药当成饮料误饮，造成二人中毒，其中叶某经抢救无效死亡。法院认为，被告人沈某明知叶某及其儿子经常在其摩托车上玩，仍将剩下的农药放置摩托车工具箱中并未上锁，其应当预见到尚无分辨能力的幼儿可能会拿到农药甚至将农药误饮，而因疏忽大意未按“赛丹”农药的储存要求采取防范措施，导致叶某误饮农药后死亡的严重后果，其行为已构成过失致人死亡罪。

点评

“赛丹”的通用名为“硫丹”，是一种

高毒有机氯杀虫剂，广谱高效，其制剂为350克/升的乳油，是液态制剂，很容易被儿童误认为是饮料。本案例中的沈某，购买杀虫剂“赛丹”用来毒鱼，本身就是一种非法的、不道德的恶劣行为，又因保管不当，结果被邻居的孩子和自己的儿子当饮料误服，造成一死一伤，让人心痛。

第三讲 施药器械的正确使用

话题1 “事半功倍”靠药械，“枪弹”配合杀敌多

了解农药的安全使用知识是进行安全生产所不可缺少的，为什么会发生农药中毒事故？很大程度上是由于安全防护工作没有做到位。通过本话题的学习，希望广大农户增加对农药安全防护的认识，安全施药。

农药是靠施药器械喷洒到农田中的，如果把农药产品比作战士打仗的“子弹”，那施药器械就是战士手中的“枪械”，光有好的“子弹”，没有好“枪”，也不能很好地杀灭“敌人”。既要有好的“子弹”，也要有好“枪”，“枪、弹”配合，才能够事半功倍，有效杀灭“敌人”。可在我国很多地区，施药器械非常落后，不仅浪费农药，还容易造成人员中毒事故。

常见的简陋施药器械

我国各地农户在施用农药过程中，常使用简陋的施药器械，导致农药浪费严重、农药有效利用率低、人员中毒事故频发。常用的简陋施药器械有以下几种：

水唧筒 水唧筒是模拟儿童水枪的一种简易施药器械，源自 20 世纪 70 年代末广东的水稻种植区，是当地植保部门自行制作的一种简单手持水枪（如图 3—1 所示），喷出的药滴根本不是雾状，但因这种水枪价格非常便宜，每只仅需 2~3 元，因此很快推广使用，并作为一项经验和新产品推广到其他种稻区。现在，这种水唧筒仍在西南地区广泛使用，并且也用这种水唧筒喷洒农药用于防治柑橘树、荔枝树的病虫害（如图 3—2 所示），实际上这非常危险。

洒水壶 有些农户在配制药液后，为图省事，用洒水壶泼洒的方式把农药洒到田间（如图 3—3 所示）。农药是一类精细的化工产品，是效能很好的“炮弹”，可用户没有采用高效、合适的“枪械”喷雾，而是用双手把“炮弹”扔出去，根本发挥不了“炮弹”的威力。

摘除喷头的喷雾器 喷雾器是广大农户与病虫草害战斗中使用最多的“武器”，为保证防治效果，技术人员设计了多种喷头，把药液分散成细小的雾滴，用以击中“敌人”。可有些农户，总是觉得喷头出水速度慢，干脆把喷头卸掉（如图 3—4 所示），喷药速度倒是快了，感觉痛快了，可防治效果如何呢？田间施用农药要求喷“雾”，而卸掉喷头后变成了喷“雨”，农药有效利用率严重降低，还带来很多负面影响。

图 3—1　农户用“水唧筒”喷洒农药

图 3—2　用“水唧筒”给荔枝树喷药

图 3—3　用洒水壶施用农药

图 3—4　用摘除喷头的喷雾器喷洒农药

薄如纸片的喷片　喷头是喷雾器的关键部件，我国很多地区采用空心圆锥雾喷头，喷头里有个带孔的喷片，喷片的孔径大小直接决定着雾滴的大小、药液流量、喷雾形状等。喷雾器中的喷孔粒径通常为 0.7 毫米、1 毫米、1.3 毫米、1.6 毫米，喷孔越小，所产生的雾滴越小，越有利于农药药效的发挥。可很多地区销售的喷雾器中的喷片非常薄，价格很便宜，甚至是免费的，这种薄如纸片的喷片在使用过程中，因喷雾药液的冲刷磨损，喷孔很快就被磨损得越来越大，喷孔粒径甚至能达到3毫米以上。此时，喷雾器的雾化性能严重下降，使农药的有效利用率降低、污染环境、防效下降。

更新施药器械，提高工作效率，保障施药安全

上述简陋的施药器械，好像战斗中的“土步枪”“土鸟枪”，性能差，不能很好地杀灭“敌人”。大量研究数据表明，淘汰这些落后的施药器械，采用新型的施药器械（如背负机动弥雾机、自走式喷杆喷雾机、优质背负手动喷雾器），可以显著提高喷雾作业的工作效率，提高防治效果，减少农药对操作者自身的污染，减少农药流失造成的环境污染。

农药喷雾作业的目的是把农药喷到防治对象上，在这个过程中，水主要起“载体”作用，就像“火车、汽车”一样，把农药送到防治对象所在的区域中。假如只有一个人从北京到石家庄，他开辆火车去就太浪费了，若赶个马车又太慢了，自己开辆轿车则又快又节约。农药施用也有施药器械的选择过程，比如采用背负机动弥雾机防治小麦蚜虫，每亩地施药液量只需要5升（即一亩地只需要5升水来稀释所需农药），不足10分钟就可以防治一亩地；而采用水唧筒施药防治，一亩地则需要200升水，两个小时也喷不完一亩地。若采用洒水壶泼浇的方式，因其不能很好地把农药雾化，所泼浇的药液无法有效地击中农田中分布的害虫。现在的农药产品，科技含量越来越高，这些好的农药产品，必须与优质、高效的施药器械相配合，才能真正发挥防治效果，又可避免农药所造成的污染环境、人员中毒等负面影响。

话题 2　施药器械样式多，多快好省可选择

施药器械的发展与农药的发展相伴，农药产品有颗粒剂、粉剂、可湿性粉剂、乳油等，施药器械相应地就有颗粒撒施器、喷粉器、喷雾机。针对防治面积大小，喷雾机具有手动背负喷雾器、背负机动弥雾机、拖拉机悬挂的喷杆喷雾机等多种类型。用户可以根据自己的需要，选择合适的施药器械，多快好省地喷洒农药。

在施药器械中，一般把人力手动操作的称为“器”，如背负式喷雾器，把汽油机、柴油机或电动机提供动力的称为“机”，如喷杆喷雾机。

颗粒撒施器

大部分农户在使用颗粒农药时，为了省钱，习惯于徒手撒施。徒手撒施很难把颗粒撒均匀，且容易发生中毒事故，有条件的用户应该选购颗粒撒施器。

手动颗粒撒施器　市场上的手动颗粒撒施器有手持式和胸挂式（如图 3—5 所示）两种。使用手持式颗粒撒施器时，施药人

员边行走边用手指按压开关，打开颗粒剂排出口，颗粒靠自身重力自由落到地面。使用胸挂式颗粒撒施器时，将撒施器挂在胸前，施药人员边行走边用手摇动转柄驱动药箱下部的转盘旋转，把颗粒向前方呈扇形抛撒出去，均匀散落地面。

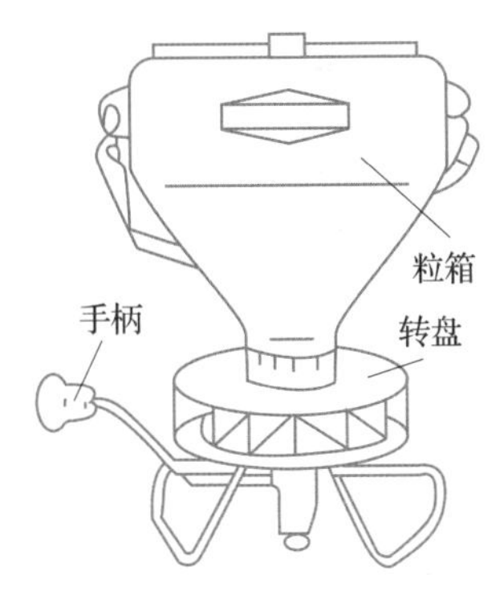

图 3—5 胸挂式颗粒撒施器

机动撒粒机 机动撒粒机有背负式和拖拉机牵引（或悬挂）式两种；有专用撒粒机，也有喷雾、喷粉、撒粒兼用撒粒机。撒粒机多采用离心式风扇把颗粒吹送出去。有一种背负式机动喷雾、喷粉、撒粒兼用机，单人背负进行作业，只要更换撒粒用零部件即可，作业效率高。

喷粉器械

20 世纪 70 年代，喷粉法在全国应用广泛，随着 1983 年“六六六”农药的禁用，喷粉法很少使用了。但在大棚温室、甘蔗田等封闭环境中，因喷粉法工效高、药效好，还是可以使用的。喷粉器械有手动喷粉器和机动喷粉机两大类，它们的工作原理是相同的，都能产生强大的气流，从而把药粉喷洒出去。手摇喷粉器根据操作者的携带方式有胸挂式和背负式；按风机的操作方式分为横摇式、立摇式和掀压式。目前，国内也生产电动式喷粉器。

涂抹设备

涂抹法的施药器械简单，不需要液泵和喷头等设备，只利用特制的绳索和海绵塑料携带药液即可。操作时药剂不会飘移，对施药人员十分安全。当前除草剂的涂抹器械有多种，有供小面积草坪、果园、橡胶园使用的手持式涂抹器（如图 3—6 所示）；有供池塘、湖泊、河渠、沟旁使用的机械吊挂式涂抹器；有供牧场或大面积农田使用的拖拉机带动的悬挂式涂抹器。

图 3—6　手持绳索涂抹器

土壤消毒设备

对于土壤害虫和土传病害的防治，常规喷雾方法很难奏效，采用土壤注射设备把药剂注射进土壤里，不失为一种有效的方法。

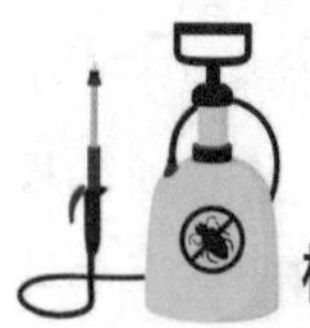

树干注射器械

树干注射器可以把药剂注射进树干木质部内，药剂随树液蒸腾流迅速在树干体内输导分布，对病虫害有很好的控制效果。

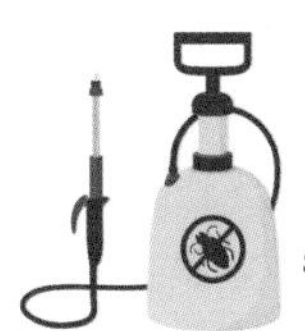

背负手动喷雾器

绝大多数农户家中都有背负手动喷雾器，目前使用最普遍的还有外置式空气室的传统工农 –16 型手动喷雾器。工农 –16 型喷雾器的工作部件主要是液泵和喷射部件，辅助部件包括药液箱、空气室和传动机构等。这种喷雾器的液泵为往复活塞泵，装在药液箱内，由唧筒帽、唧筒、塞杆、皮碗、进水阀、出水阀和吸水滤网等组成。喷射部件由胶管、直通开关、套管、喷管和喷头等组成。工作时，操作者背上喷雾器，左手摇动摇杆，右手握住手柄套管，即可进行喷雾作业。

近年来，一些新型背负手动喷雾器开始在市场上销售，这类新型喷雾器的特点有：

- 把空气室与液泵合二为一，且内置于药液箱中，结构紧凑、合理，安全可靠。
- 采用大流量活塞泵设计，稳压性能突出，操作轻便。
- 采用手把式掀压开关，不易渗漏，操作灵活，可连续喷雾，也可点喷，针对性强。
- 装配扇形雾喷头和圆锥雾喷头，雾化质量好。

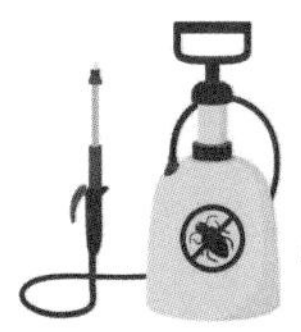

背负机动弥雾机

背负机动弥雾机以汽油机为动力，工作效率高，由于有强大气流的吹送作用，雾滴穿透性好，适合用于对棉花、水稻、小麦等病虫害的防治。

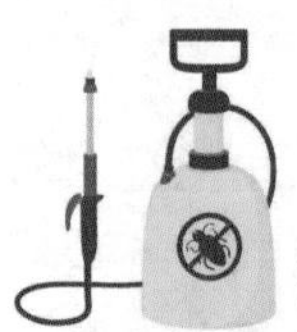

担架式喷雾机

担架式喷雾机具有压力高、工作效率高、劳动强度低等优点，是水稻田、果园和园林的常用喷雾机具。这种喷雾机按标准应该装有空气室、压力表等部件，以调控喷雾压力，但笔者在多处果园看到农户购买的担架式喷雾机偷工减料，不配备压力表和空气室，喷雾过程中压力不稳定，影响使用效果。

喷杆式喷雾机

喷杆式喷雾机作业效率高，适合在较大地块喷洒农药，特别适用于大地块除草剂的喷洒。喷杆式喷雾机作业时，要求药剂在喷幅范围内均匀沉积分布，因此，一般喷杆上装配有标准扇形雾喷头，利用喷幅叠加达到药液的均匀沉积分布。但喷杆式喷雾机的操作要求很高，需要专业人员操作。

低空低量喷雾无人机

近年来，我国研发了多种低空低量喷雾无人机，按照动力可以分为油动型和电动型无人机，按照旋翼类型分为单旋翼和多旋翼无人机。无人机运输方便，操作简单，适应性好，作业效率高，受到了各地政府和种植户的关注，部分省市把无人机列入农机补贴目录，很多专业合作社均购置了无人机，用于水稻、玉米等作物杀虫剂和杀菌剂的喷雾。无人机喷雾的高度、速度、喷幅以及喷雾时的风速等对防治效果均有显著影响。因此，无人机喷雾需要掌握合适的飞行速度、合适的喷雾高度，要求飞行平稳，喷幅衔接好，避免重喷、漏喷现象。随着无人机操控系统的完善、航空喷雾专用制剂的研发、无人机操作水平的提升，低空低量喷雾无人机将在我国农药使用中发挥重要作用。

话题3 “跑冒滴漏”危害大，害人害己害大家

目前，市场上出现了一批优质的喷雾器，但因价格偏高，很多农户还是选择购买价格低廉、“跑冒滴漏”问题严重的劣质喷雾器。在此，笔者想对农户说四句话：“跑冒滴漏危害大，害人害己害大家；使用优质喷雾器，省工省钱保安全。”

喷雾器的最低质量标准

联合国粮农组织（FAO）制定了手动喷雾器标准，要求手动喷雾器必须安装压力表、安全阀、三级滤网等装置，目前农村市场上的手动喷雾器很难达到这些标准。FAO还制定了手动喷雾器的最低标准，即喷雾器必须要达到的标准，主要内容如下：

- 整机不得漏液，使用前一定要仔细检查管路和连接部件。
- 必须清晰标明生产企业名称、通信地址、型号、生产日期。
- 药液箱应该有清晰、永久的最高水位线、分度线等标记。
- 加液口必须配有滤网，在装有滤网的条件下，当加入药液接近最高水位线时，液面清晰可见。

● 加液口直径大于 10 厘米，在盖紧的情况下，药液箱盖不应该积聚药液。

● 背带应结实耐用、不吸水、耐腐蚀。

● 两根肩部背带的承重部位的最窄宽度不得小于 50 毫米。

● 应提供可更换的喷头，并说明不同型号喷头的用法，不得使用旋转调节式喷头。

● 必须提供说明书。

避免喷雾设备“跑冒滴漏”造成的伤害

与 FAO 规定的喷雾器的最低标准比较，发现农户使用的喷雾器问题很多，最突出的问题就是“跑冒滴漏”现象严重。笔者在田间进行喷雾作业时，也经常因漏液问题弄得后背上都是药液，若在喷洒剧毒、高毒杀虫剂时，这种漏液问题很容易发生安全事故。

● **药箱盖漏液** 因背负喷雾器设计缺陷、加工质量差，把喷雾器背在身上后，经常发现操作人员后背被药液浸湿，所以，用户购买喷雾器时，最好先测试一下药液箱的密封情况，具体操作过程建议如下：在喷雾器中加入清水至最高水位线，盖紧药液箱盖，然后把喷雾器倒置，观察是否有清水流出。若有清水从药液箱口或其他部位流出，则说明其密闭性差，不要购买，而应选择密闭性好的喷雾器。

● **开关漏液** 喷雾设备的开关因经常操作，最容易发生漏液现象。操作人员在喷雾作业时常用右手或左手握住开关的手柄，漏出的药液很快被喷雾者的手接触，药液渗入皮肤进入人体，或者喷雾者在没有清洗手臂的情况下饮水进食，导致药剂通过消化道进入人体，就会导致中毒事故。

●喷头漏液　喷头也是发生漏液的部位，因喷头质量差、密封圈老化、喷头帽磨损、杂质堵塞等原因，喷头经常发生漏液现象。当喷洒剧毒、高毒杀虫剂时，如果徒手操作，很容易引起中毒事故。

针对喷雾器“跑冒滴漏”现象严重的问题，农户可以做到的是在开始田间喷雾前，首先在家中装入清水，喷洒清水，检查一下喷雾性能和是否漏液，若发现开关、喷头漏液，首先看这些漏液部位的密封圈是否完好，如有破损应及时更换，确认不再漏液后，再到田间喷雾。切忌对喷雾器不经过检查就到田间喷雾，如果在田间发现问题后，徒手操作更换密封圈或者更换部件会增加与农药的接触率，增加中毒事故的概率。

国家对喷雾设备的强制性认证

因为喷雾器械不仅与农药的药效有关，也与操作者的人身安全和环境质量等密切相关，因此国家规定喷雾器械要通过国家强制性认证。只有通过强制性认证的喷雾器，才可以在市场上销售。农户在购买喷雾器时，一定要注意喷雾器上是否有中国强制性认证（CCC）标志（如图 3—7 所示）。现在，很多国产喷雾器生产企业已经能够生产优质的手动喷雾器，基本解决了漏液问题，使用安全性好。

图 3—7 国家强制性认证 CCC 标志

案例

喷雾器漏液，农妇中毒

2008 年 7 月 7 日下午，四川省江安县一位农民在给自家稻田喷洒农药时，突然出现乏力、呕吐等症状，被紧急送往县医院抢救，经检查是有机磷中毒。中毒农民叫王某，是江安县四面山镇长坝村农民。7 月 7 日上午，王某到集市上买回一瓶 40% 水胺硫磷乳油，下午 3 时许，王某将药剂稀释好后给自家稻田喷洒。因喷雾器漏液，水胺硫磷药液洒在了后背上，没有引起王某注意，继续冒着酷暑干活。几个小时后，她突然感到头昏、头痛、四肢无力，随即呕吐不止，被送往医院。

点评

水胺硫磷是一种高毒广谱杀虫、杀螨剂，对害虫具有触杀、胃毒和杀卵作用，市场上出售的产品多为 40% 乳油、20% 乳油，因其毒性高，不可用于蔬菜、已结果实的果树，及接近采收期的茶树、烟草、中草药等作物。本案例中，该农户不了解水胺硫磷的毒性，在没有仔细检查喷雾器是否漏液的情况下就下地喷药，并且喷雾时间选择在下午高温时段，因喷雾器漏液，造成高毒的水胺硫磷药液流到后背，透过皮肤渗入人体，导致中毒事故。该案例给人们的教训是：操作者下地喷药前，一定要检查喷雾器是否漏液，并及时在家里维修；另外，喷雾时间最好避开中午高温时段，应选择清晨或傍晚下地喷药。

话题4　关键部件是喷头，雾化质量全靠它

喷头在喷雾技术中是关键因素，是药液雾化的重要部件，它对喷雾质量起决定性的影响。喷头的作用有三：一是形成雾滴；二是决定喷雾的雾型；三是决定药液流量。与雾化原理对应，喷头也分为液力式喷头、气力式喷头、旋转离心式喷头等，其中以液力式喷头使用最为普遍，种类最为多样。

喷头的类型

根据雾化方式的不同，农药喷雾中的喷头主要分为以下三种

类型：

1. 液力式喷头

尽管喷雾机具种类较多，但它们的喷射部件大都采用液力式喷头。液力式喷头的原理是接受从液泵送来的药液，并将其雾化后呈微细雾滴喷洒到植物上。它由喷管、胶管、套管、开关和喷头等组成。喷管通常用钢管或黄铜管制成。喷管的一端通过套管和胶管与排液管相连；另一端安装喷头。套管内装有过滤网，用以过滤喷出的药液。开关由开关芯和开关壳组成，用于控制药液流通。我国手动喷雾器械和大田喷杆喷雾机以及果园喷雾机上的喷头均采用液力雾化喷头，根据其雾型不同可分为空心圆锥雾喷头和扇形雾喷头。

空心圆锥雾喷头 空心圆锥雾喷头是目前喷雾器上使用最广泛的喷头，它利用药液涡流的离心力使药液雾化，具体工作过程因构造不同而异，但基本原理都是使药液在喷头内绕孔轴线旋转。药液喷出后，固体壁所给的向心力便不存在了，这时药液分子受到旋转的离心力作用，沿直线向四面飞散，这些直线与它原来的运动轨迹相切，即与一个圆锥面相切，该圆锥面的锥心与喷孔轴线相重合，因此喷出的是一个空心的圆锥体，利用这种涡流的离心力使药液雾化。根据喷头型式不同，又分为切向进液喷头和旋水片喷头两种。

空心圆锥雾喷头的特点是：当压力增大时，喷雾量增大，喷雾角也增大，使雾滴细小均匀。但压力增加到一定数值后这种现象就不显著了。反之，当压力降低时，情况正好相反，下降到一定数值时，喷头就不起作用了。

扇形雾喷头 随着除草剂的广泛使用，扇形雾喷头已在国内外广泛使用。这类喷头一般用黄铜、不锈钢、塑料或陶瓷等材料制成。扇形雾喷头根据其喷雾的雾形可分为标准扇形雾喷头、均匀扇形雾喷头、偏置式扇形雾喷头等，根据其喷嘴形状分为狭缝式喷头、撞击式喷头等。标准扇形雾喷头已被FAO列为标准化的系列喷头，广泛应用于各种机动喷雾机上和手动喷雾器的小型喷杆上。

目前，拖拉机携带喷杆喷雾机在我国东北、华北地区已经有大面积的应用，主要用于除草剂的喷洒。我国生产的拖拉机携带喷杆喷雾机上都已经装配了各种各样的高质量喷头，应用最多的就是扇形雾喷头。

2. 气力式喷头

气力式喷头是利用高速气流把药液分散为细小雾滴的喷头，我国研制的手动喷雾器、背负机动喷雾机、常温烟雾机采用的均是气力式喷头。气力式喷头的优点是雾滴细小均匀，可采用超低容量和低容量喷雾方式。

3. 旋转离心式喷头

旋转离心式喷头是利用旋转离心力把药液抛洒出去形成雾滴的喷头，常用的是旋转圆盘式，还有转杯式、转笼式等。旋转离心式喷头产生的雾滴大小均匀，可进行控滴喷雾作业。

选择喷头的原则

喷头是喷雾器械的关键部件，农户应根据病虫草及其他有害生物防治需要和施药器械类型选择合适的喷头，定期更换磨损的喷头。

- 喷洒除草剂和生长调节剂应采用扇形雾喷头或激射式喷头。
- 喷洒杀虫剂和杀菌剂宜采用空心圆锥雾喷头或扇形雾喷头。
- 禁止在喷杆上混用不同类型的喷头。

不同类型喷头的选用见表 3—1。

表 3—1　　不同类型喷头选用指南

喷头类型	除草剂			杀菌剂		杀虫剂	
	苗前	苗后		保护	治疗	触杀	内吸
		触杀	内吸				
扇形雾喷头	好	很好	好	很好	好	很好	好
空心圆锥雾喷头	差	好	好	非常好	好	非常好	好
气力喷头	×	×	×	非常好	好	非常好	好
离心喷头	×	好	好	好	好	好	好

背负机动弥雾机采用的是气力雾化喷头，药液在强大的气流吹送作用下生成细小雾滴，穿透、飘移性好，因此，在小麦田、棉花田、大豆田喷洒杀虫剂、杀菌剂是很合适的，但用它喷洒除草剂则很容易因气流对细小雾滴的吹送作用飘到邻近地块，造成除草剂药害，所以，这种气力式喷头不得用于除草剂的喷洒。除草剂的喷洒最好采用标准扇形雾喷头，但喷雾压力不要过大，一般在2~2.5个大气压下喷除草剂最合适。因为如果喷雾压力大会产生细小雾滴，容易造成除草剂飘移药害。

话题5　喷头堵塞莫着慌，毛刷清洗最恰当

如上一话题所讲，喷头是喷雾最关键的部件，喷孔的孔径越小，雾化质量越好。但正因为喷头的孔径细小，在田间喷雾作业时，因配制的药液中有颗粒状杂质，经常会堵塞喷头，此时，喷头或者喷不出雾，或者喷出的雾成线状。当喷头堵塞时，很多农户习惯于徒手拧下喷头，用嘴吹喷头，试图把堵塞喷头的颗粒吹走，这样操作是很危险的。

喷头是精密部件，孔径的大小决定着雾滴的大小、喷雾形状和喷量。为形成均匀细小的雾滴，采用液力式喷雾时，提倡尽量采用小孔径喷头喷雾。田间喷雾作业时，因药剂质量差、配制药液的水中有杂质，或者喷雾器缺少滤网，经常发生喷头堵塞现象，如何正确处理喷头堵塞问题，也事关农户的安全健康。

什么情况下容易堵塞喷头

堵塞喷头的原因主要有如下三种：

农药制剂质量差，颗粒粗大 固态农药制剂（如可湿性粉剂、悬浮剂）在加工过程中，需要加入矿物载体（如滑石粉、硅藻土）为填料，如果农药生产企业加工设备落后，生产的农药制剂中就存在一些较大粒径的矿物颗粒。另外，农药悬浮剂在储存过程中，因颗粒间聚并发生沉淀，也会形成一些大颗粒。在用水稀释后，这些颗粒物质就会使喷头堵塞，影响喷雾效果。

可湿性粉剂、水分散粒剂等兑水配成悬浊液（简称悬液），使细小的固体微粒悬浮在水中，良好的悬浊液呈均匀浑浊状，并要求一定时间内保持相对稳定，不能出现大量沉淀。有经验的农户在用质量不太好的制剂配成悬液喷雾作业一半时间左右时，一般会使劲摇振一下喷雾器，或者对手动喷雾器补充打气，这样可以把剩余的悬液再混匀。

配制药液的水太脏 配制药液要用洁净水，不能用脏水、泥水。脏水含固体悬浮物太多，水中的固体杂质可能会堵塞喷雾器的喷嘴，还可能影响药液有效成分的稳定性，更可能破坏药液的良好理化性状。一般农药制剂的配制，适宜用水的硬度范围较宽，可用标准硬水（如以地下水为水源的北方城镇自来水），也可用"软水"（如雨水、河水），还可用硬度明显高于标准硬水的水（如石灰岩地区的井水）。

一般农药制剂的配制，只适宜软水到标准硬水之间的水质。含无机盐太多的水，会产生"盐析作用"，破坏药液的良好理化性状。如果水中含有重金属离子，更会使一些农药有效成分减效或失效。因此，农户在配制药液时，尽量利用水质好一点的水源，不要用无机盐含量过高的"苦水"。只有"苦水"水源的地区，须先用少量农药制剂试配一下药液，检查其理化性状是否尚可，再决定该水源是否可用。

喷雾器缺少滤网 喷雾设备有多级过滤装置，一般在药液箱加液口、喷杆开关前、喷头等处至少有三级过滤装置。在安装滤网的情况下，往药液箱中灌注水时，速度偏慢，有些用户就把滤网去掉。在没有过滤网时，水中的大颗粒杂质会进入喷雾器，喷雾过程中就会堵塞喷头。所以，在田间喷雾前，要检查所用喷雾设备是否装配有过滤网。

喷头堵塞后，用户常采取的错误做法

在田间喷雾时发现喷头堵塞后，很多农户常常采取错误的方法，很容易被农药污染。

用嘴吹喷头 不少农户发现喷雾器的喷头堵塞后，急于维修，经常徒手拧下喷头，把喷头放进嘴里，用力吹，试图把堵塞喷头的颗粒杂质吹出来，如图 3—8 所示。这样做是很危险的，稍有不慎，就会经口吸入农药，特别是喷洒剧毒、高毒杀虫剂和中等毒除草剂百草枯时，这种用嘴吹的方式更危险。

用坚硬的金属刀具捅喷头 如上一话题所讲，喷头是精密的喷洒部件，孔径大小决定着雾滴大小、喷雾形状和喷头流量。喷头出厂后，在使用一段时间后，应检查其喷雾性能，当发现喷头磨损后，需要更换新喷头。当发现喷头堵塞后，若用坚硬的金属刀具、钢钉等来处理喷头，喷头很容易被损坏，如图 3—9 所示。喷头损坏后，喷头的雾化质量大打折扣，就不能满足农药喷雾的要求了。

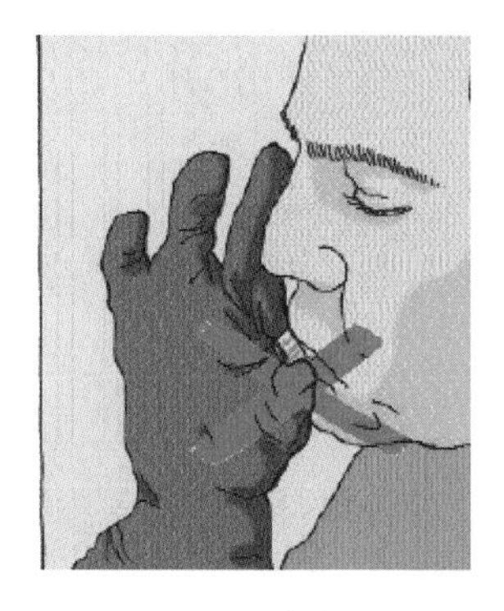

图 3—8 用嘴吹是一种错误的处理方式

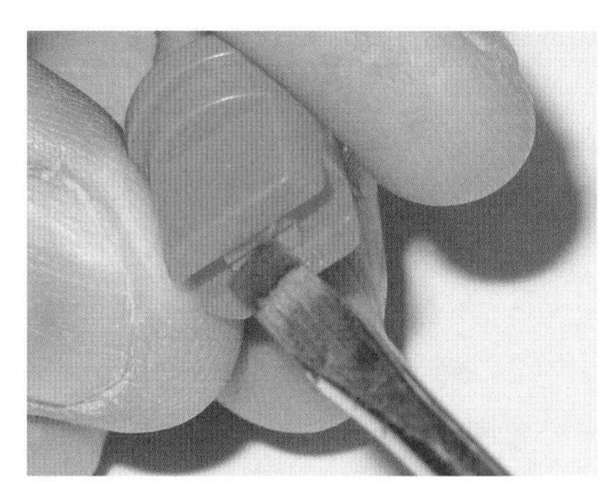

图 3—9 用刀捅也是一种错误的处理方式

喷头堵塞后的正确处理方式

喷雾施药过程中遇喷头堵塞时，应立即关闭喷杆上的开关，先用清水冲洗喷头，然后戴着乳胶手套进行故障排除，用毛刷清洗喷孔（如图 3—10 所示），严禁用嘴吹吸喷头和滤网。

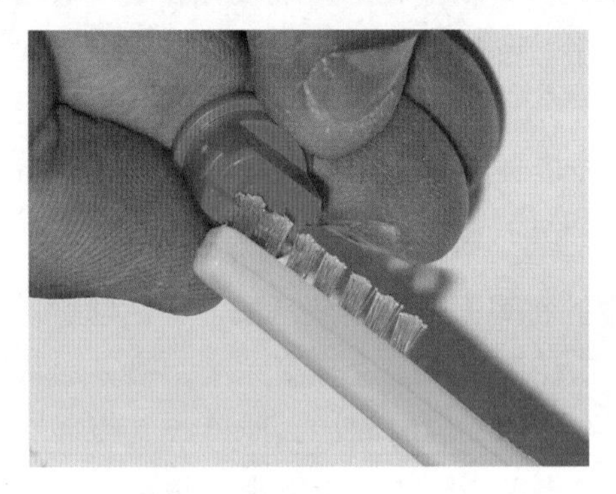

图 3—10　喷头堵塞后的正确处理方式

第四讲

农药的施用方法

话题1　农药施用方法多，多种变化供选择

农药种类很多，根据防治对象的为害特点，可以采用多种多样的方法。农药施用的方法有种子处理法、电热蒸法、烟雾法、喷雾法、喷粉法、颗粒撒施法、土壤消毒法、水面滴施法等，农户可以根据防治环境和防治对象选择农药的施用方法。

农药的施用方法不是唯一的，针对农作物病虫草害的发生种类和发生特点，根据农药的作用方式和作用特性，选择不同的农药剂型和施药机具，可以采用多种多样的农药施用方法，以下简单介绍目前在生产中常用的农药施用方法。

浸种法

浸种法是将种子浸渍在一定浓度的药剂水分散液里，经过一定的时间使种子吸收或黏附药剂，然后取出晾干，从而消灭种子表面和内部所带病原菌或害虫的方法。用浸种法处理种子，操作程序比较简单，一般不需要特殊的设备，可以将待处理的种子直接放入配制好的药液中，稍加搅拌，使种子与药液充分接触即可。

浸种法因药剂浓度偏高，操作时要注意自我保护，应穿戴防护服和手套，避免药液与操作人员接触。浸过的种子一般需要晾晒，对药剂耐受力差的种子浸种后还应按要求用清水冲洗，以免发生药害。

拌种法

拌种法就是将农药与种子按照一定比例进行混合，使种子表面覆盖一层药剂，并形成药剂保护层的种子处理方法。药剂拌种既可湿拌，也可干拌，但以干拌为主。药剂拌种一般需要特定的拌种设备。如果确实没有专用拌种器，也可以使用圆柱形铁桶，将药剂和种子按照规定的比例加入桶内，封闭后滚动拌种。拌种时，切忌徒手操作，以免中毒。拌好药的种子一般直接用来播种，不需要再进行其他处理，更不能进行浸泡或催芽。如果拌种后并不马上播种，种子在储存过程中就需要采取防止吸潮的措施。

包衣法

种子包衣可以有效防止病、虫、草、鼠等有害生物对种子和幼苗的危害，起到保护种苗的作用。防治蝼蛄、蛴螬等地下害虫的种衣剂中通常含有高毒的杀虫剂成分，如克百威、甲基异柳磷、阿维菌素等，这些杀虫剂毒性大，因此种衣剂中通常配有警戒色（常用红色），警示操作人员要减少与种衣剂以及包衣种子的接触。实际情况是，不少农户在种子包衣和播种时，徒手操作，手上经常沾满了红色，这样很容易发生中毒事故。因此，包衣的种子在播种时，操作人员一定要戴上手套。

土壤消毒法

土壤中有地下害虫、土传病原菌和杂草种子，因此，对土壤进行处理（如溴甲烷土壤熏蒸、氯化苦土壤消毒、棉隆土壤消毒等）是一种有效的防治土传病虫害的方法，这些土壤处理药剂的毒性大，使用要求专业性强，农户一定要经过培训才可以进行土壤消毒的处理。

喷粉法

在温室大棚内，可以采用喷粉法施用农药，喷粉法工作效率高、防治效果好。采用喷粉法时，要采取喷头对空喷洒的方式，使细小的粉粒在空中自由飘移、沉积分布到蔬菜叶片上。不要把喷头直接对准蔬菜的叶片喷撒，否则药剂分布不匀，容易导致个别地方的蔬菜农药残留量高。

颗粒撒施法

粒剂农药的主要特点是颗粒粗大，撒施时受气流的影响很小，容易落地而且基本上不发生飘移现象，特别适宜地面、水面和土壤施药，用于防治杂草、地下害虫以及各种土传病害。我国各地农民多用徒手撒施颗粒农药（应戴防护手套），有条件的地方还是应该采用颗粒撒施器来撒施颗粒农药。

喷雾法

根据喷雾机具、作业方式、施药液量、雾化程度、雾滴运动特性等参数，喷雾技术方法主要有以下几种：

1. 高容量喷雾法

每亩地喷液量为 40 升以上（大田作物）或 100 升以上（果树）的喷雾方法称为高容量喷雾法，也称为常规喷雾法或传统喷雾法。高容量喷雾方法的雾滴粗大，所以也称为粗喷雾法。采用高容量喷雾法田间作业时，粗大的农药雾滴在作物靶标叶片上极易发生液滴聚并，导致药液流失。而在我国，大容量喷雾法是应用最普遍的方法。

2. 中容量喷雾法

每亩喷液量为 15~40 升（大田作物），或 40~100 升（果树）的喷雾方法称为中容量喷雾法。中容量喷雾法与高容量喷雾法之间的区分并不严格。中容量喷雾法是采用液力式雾化原理，使用液力式雾化喷头，适用范围广，在杀虫剂、杀菌剂、除草剂等喷洒作业时均可采用。采用中容量喷雾法田间作业时，农药雾滴在作物靶标叶片上也会发生重复沉积，导致药液流失，但流失现象比高容量喷雾法轻。

3. 低容量喷雾法

每亩喷液量为 5~15 升（大田作物），或 15 ~40 升（果树）的喷雾方法称为低容量喷雾法。低容量喷雾法雾滴细、施药液量小、工效高、药液流失少、农药有效利用率高。采用机械施药设备时，可以通过调节药液流量调节阀、机械行走速度和喷头组合等实施低容量喷雾作业；采用手动喷雾器时，可以通过更换小孔径喷片等措施来实施低容量喷雾作业。另外，采用双流体雾化技术，也可以实施低容量喷雾作业。

4. 超低容量喷雾法

每亩喷液量为 0.5 升以下（大田作物），或 3 升（果树）以下的喷雾方法称为超低容量喷雾法（ULV），雾滴粒径小于 100 微米，属细雾喷施法。其雾化原理是离心式雾化，雾滴粒径取决于圆盘（或圆杯等）的转速和药液流量，转速越快雾滴越细。超低容量喷雾法的喷液量极少，必须采取飘移喷雾法。由于超低容量喷雾法雾滴细小，容易受气流的影响，因此施药地块的位置以及喷雾作业的行走路线、喷头高度和喷幅的重叠都必须严格设计。

喷雾方法及应采用的喷雾机具和喷头简单列于表 4—1，供读者参考。

表 4—1　喷雾方法及应采用的喷雾机具和喷头

喷雾方法	喷液量（升/亩）		选用机具	选用喷头
	大田作物	果园		
高容量喷雾法（HV）	>40	>100	手动喷雾器 大田喷杆喷雾机 担架式喷雾机	1.3 毫米以上空心圆锥雾喷片 大流量的扇形雾喷头
中容量喷雾法（MV）	15~40	40~100	手动喷雾器 大田喷杆喷雾机 果园风送喷雾机	0.7~1.0 毫米小喷片 中小流量的扇形雾喷头
低容量喷雾法（LV）	5~15	15~40	背负机动弥雾机 微量弥雾器 常温喷雾机	0.7 毫米小喷片 气力式喷头 旋转离心式喷头
超低容量喷雾法（ULV）	<0.5	<3	电动圆盘喷雾机 背负机动弥雾机 热烟雾机	旋转式离心喷头 超低容量喷头

话题 2　农药“喷雾”非“喷雨”，淋洗喷药害死你

现在网上很流行的一句话“哥玩的不是游戏，是寂寞”，套用这句网络流行语，很多农户在喷洒农药时实际上“喷的不是雾，是雨”。操作人员在喷洒农药时，习惯于大水量、淋洗式喷雾方式，特别是在果园喷雾，仿佛是在给果树洗澡。这种淋洗式喷药，就像在果园下雨，大量药液洒落到操作人员身上，易造成人员中毒事故。此外，超过 30% 的药液还会洒落到果树下的土壤上，污染果园土壤，造成严重的环境污染。

喷雾法是农药施用中最常用的方法，因为常用，人们往往忽视其中存在的问题，简单地认为喷雾就是把作物叶片喷湿，看到药液从叶片滴淌流失为标准。这种错误的喷雾方法，就好像在给农作物洗澡，大量的药液流失到地表，喷药人员接触喷过药的湿漉漉的叶片，身上也会沾满农药，特别是在给果园喷雾时，喷药人员站在树下往上喷药，流失下的药液弄得自己满身都是，很容易发生中毒事故，非常危险。

“雾”与“雨”的区别

“雾”是细小的液滴在空气中的分散状态，“雨”是粗大的液滴在空气中的分散状态。“雾”与“雨”的区别就是液滴粒径大小不同。我们可以把一个液滴看作一个圆球，大家在中学时都学习过球体积的计算公式：

$$球的体积 = \frac{3}{4} \times \pi \times 半径^3$$

从这个公式中，我们可以计算得出，当药液的体积一定，液滴的粒径减小一半时，则雾滴的数量由 1 个变成了 8 个，如图 4—1 所示。

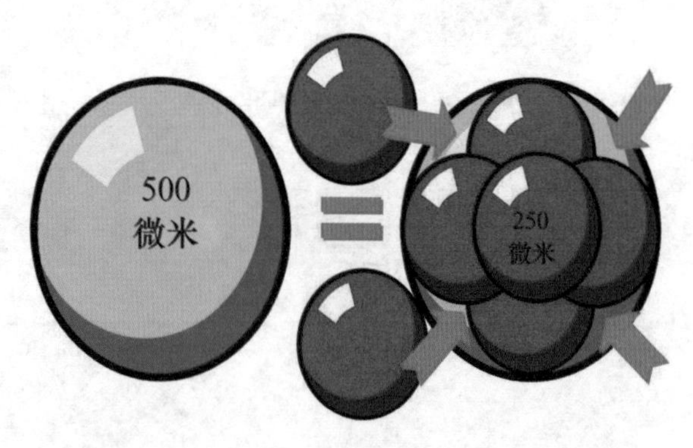

图 4—1　雾滴粒径减小一半，雾滴数目由 1 个变成了 8 个

可以把农作物病虫草害的防治理解为士兵用机关枪扫射敌人，射出去的子弹数量越多，击中敌人的概率就越大，一次只发射一

颗子弹的威力远不如一次发射 8 颗子弹的威力。

农药喷雾中，若能够采用细雾喷洒，雾滴粒径为 100 微米左右，一定体积的药液形成的“子弹”数就很多；但是，如果采用淋洗式喷雾，液滴粒径在 1 000 微米左右，两者相差 10 倍，则形成的“子弹”数（雾滴数）相差 1 000 倍，工作效率自然非常低。

农药喷“雾”技术中，根据雾滴粒径大小分为细雾、中等雾、粗雾，这三种“雾”与“雨”所对应的液滴粒径如图 4—2 所示。从图中可以看出，“雨”的液滴粒径非常大，大约是“细雾”的 10 倍，是“中等雾”的 5 倍，是“粗雾”的 2 倍。液滴粒径越大，所形成的雾滴数目就越少，越不利于农药药效的发挥。

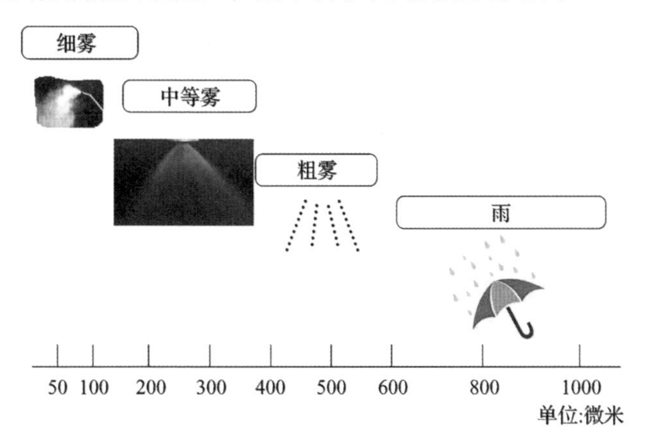

图 4—2　不同喷雾方式所对应的雾滴粒径

根据雾滴粒径对农药喷雾的分类

雾滴粒径是农药喷雾技术中最为重要和最易控制的参数，是衡量喷头喷雾质量的重要参数，雾化程度的正确选择是用最少药量取得最好药效及减少环境污染等的技术关键。

● 粗雾　粗雾是指雾滴粒径大于 400 微米的雾，根据喷雾器械和雾化部件的性能不同，雾滴粒径一般为 400 ~600 微米。粗雾接近于“雨”。

● 中等雾　雾滴粒径为 200 ~400 微米的雾称为中等雾。目前，中等雾喷雾方法是农业病虫草害防治中采用最多的方法。各种类型的喷雾器械和它们所配置的喷头所产生的雾滴基本上都在这一范围内。

● 细雾　雾滴粒径为 100 ~200 微米的雾称为细雾。细雾喷洒在植株比较高大、株冠比较茂密的作物上，使用效果比较好。细雾喷洒只适合杀菌剂、杀虫剂的喷洒，能充分发挥细雾的穿透性能，而在使用除草剂时不得采用细雾喷洒方法。

喷液量

喷液量是指单位面积喷洒的药液量，也称为施药液量，或喷雾量、喷水量，用“升 / 亩”表示。喷液量的多少大体上与雾化程度相一致。采用粗雾喷洒，就需要大的施药液量，而采用细雾喷洒方法，就需要采用低容量或超低容量喷雾方法。施药液量是田间作物上的农药有效成分沉积量以及不可避免的药液流失量的总和，是喷雾法的一项重要技术指标，可根据施药液量的大小相应采用高容量喷雾法、中容量喷雾法、低容量喷雾法或超低容量喷雾法（在第四讲话题 1 中已有介绍）。

流失点与药液流失

作物叶面所能承载的药液量有一个饱和点，超过这一点，就会发生药液自动流失现象，这一点称为流失点。采用大容量喷雾法施药时，由于农药雾滴重复沉积、聚并，很容易发生药液流失。当药液从作物叶片上流失后，由于惯性作用，叶片上药液持留量将迅速降低，最后作物叶片上的药量就变得很少了。

采用大雾滴、大容量喷雾方式时，药液流失现象非常严重。试验数据表明，果园喷雾中有超过 30% 的药液流失掉，这些流失掉的药液不仅浪费，更为严重的是会造成操作人员中毒事故和环境污染。药液流失示意图如图 4—3 所示。

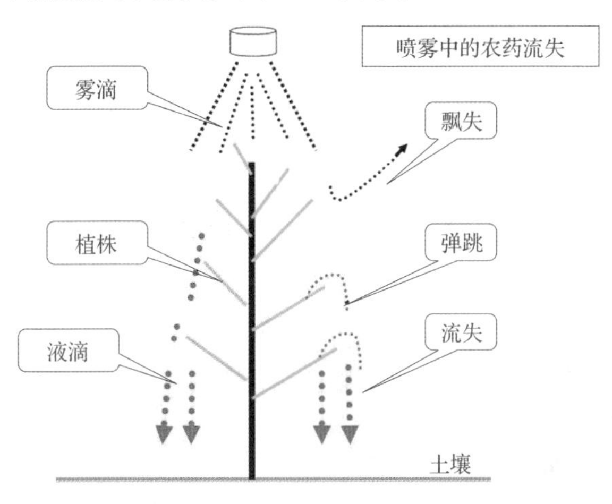

图 4—3 农药流失示意图

案例

果园喷药似下雨，夫妻中毒酿悲剧

1999年5月，福建某地的一对农村夫妇利用中午打工间隙，到自家荔枝园喷洒农药治虫。因采用淋洗式大容量喷雾，且夫妇二人均没有采取防护措施，喷到荔枝树上的药液流淌滴落到夫妇二人的身上，导致二人双双中毒，造成家庭悲剧。

点评

很多农户在喷洒农药时实际上“喷的不是雾，是雨”。案例中夫妇二人在喷洒农药时，采用大水量、淋洗式喷雾方式，就像在果园下雨，大量药液洒落到夫妇二人身上，造成中毒事故，且污染果园土壤。

话题3　农药雾滴学问大，雾滴粒径有“最佳”

上一话题说到，使用农药时不要采用淋洗式喷雾方式，因这种“雨”样的粗大液滴使农药流失严重，人员中毒风险大。“雾”有细雾、中等雾、粗雾之分，如何科学地选择农药的喷雾方法呢？应按照最佳雾滴粒径的理论进行喷雾。

雾滴粒径

从喷头喷出的农药雾滴并不是均匀一致的，而是有大有小，呈一定的分布，雾滴的大小通常用雾滴粒径表示。在一次喷雾中，有足够代表性的若干个雾滴的平均粒径或中值粒径称为雾滴粒径，通常用微米（μm）做单位。雾滴粒径是衡量药液雾化程度和比较各类喷头雾化质量的主要指标。因与喷头类型有关，故也是选用喷头的主要参数。

1. 雾滴粒径的表示方法

雾滴粒径的表示方法有四种：体积中值粒径、数量中值粒径、质量中值粒径、沙脱平均粒径，常用数量中值粒径（NMD）和体积中值粒径（VMD）表示雾滴的粒径。

数量中值粒径（NMD）　在一次喷雾中，将全部雾滴从小到大顺序累加，当累加的雾滴数目为雾滴总数的50%时，所对应的雾滴粒径为数量中值粒径，简称数量中径（如图4—4所示）。如果雾滴群中细小雾滴数量较多，将使雾滴中径变小，但数量较多的细小雾滴总量在总施药液量中只占非常小的比例，因此数量中径不能正确地反映大部分药液的粒径范围及其适用性。

体积中值粒径（VMD）　在一次喷雾中，将全部雾滴的体积从小到大顺序累加，当累加值等于全部雾滴体积的50%时，所对应的雾滴粒径为体积中值粒径，简称体积中径（如图4—4所示）。体积中径能表达绝大部分药液的粒径范围及其适用性，因此喷雾中大多用体积中径来表达雾滴群的大小，并作为选用喷头的依据。

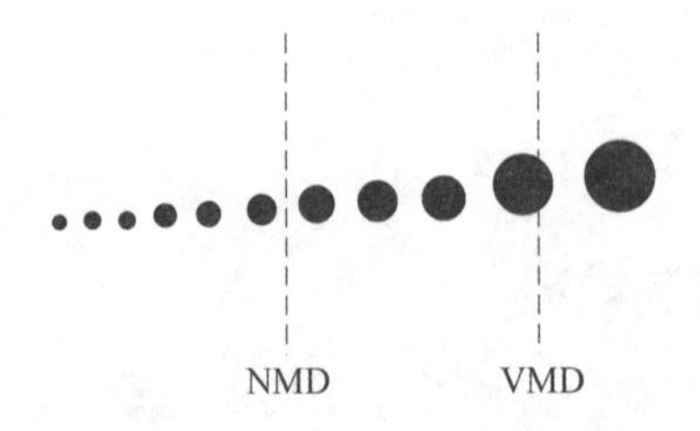

图 4—4　雾滴的数量中值粒径（NMD）和体积中值粒径（VMD）示意图

2. 雾滴粒径与雾滴覆盖密度、喷液量的关系

雾滴粒径与雾滴覆盖密度、喷液量有着密切的关系，如图 4—5 所示，一个 400 微米的粗大雾滴，变为 200 微米的中等雾滴后，就变为了 8 个雾滴，雾滴粒径缩小到 100 微米的细雾后，就变为 64 个雾滴。随着雾滴粒径的缩小，雾滴数目呈几何速度增加。随着雾滴数量的增加，农药击中害虫的概率也显著增加。

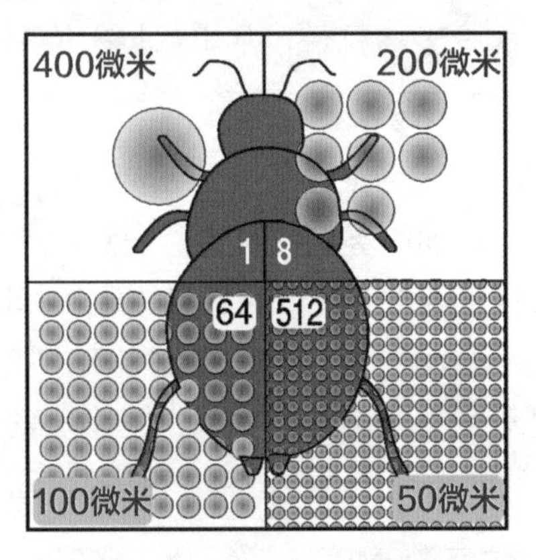

图 4—5　雾滴粒径与喷液量的关系

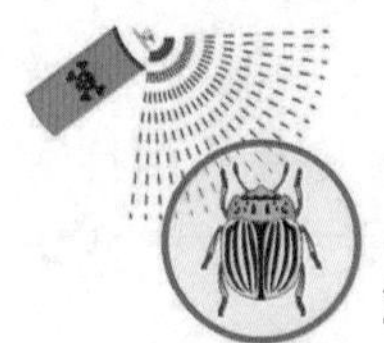

生物最佳粒径

从喷头喷出的农药雾滴有大有小，并不是所有的农药雾滴都

能有效地发挥消灭病虫草害的作用，经过科学家的研究发现，只有在某一粒径范围内的农药雾滴才能够取得最佳的防治效果，因此，就把这种能获得最佳防治效果的农药雾滴粒径或尺度称为生物最佳粒径，用生物最佳粒径来指导田间农药喷雾称为最佳粒径理论。

不同类型的农药防治有害生物时的雾滴最佳粒径见表4—2。从表中看出，杀虫剂、杀菌剂、除草剂在田间喷雾时需要的雾滴粒径是有区别的，杀虫剂、杀菌剂喷雾要求的雾滴细，而除草剂喷雾则要求较大的雾滴。

表 4—2　防治不同对象所应采用的农药雾滴最佳粒径

生物靶标	农药类别	生物最佳粒径（微米）
飞行状态的害虫	杀虫剂	10~50
叶片上病斑	杀菌剂	30~150
爬行状态的害虫	杀虫剂	40~100
杂草	除草剂	100~300

实际上，很多用户在农药喷雾时，根本不管是杀虫剂还是除草剂，都用一种喷雾设备，用一种喷头，这样做很容易出现问题。特别是在除草剂喷雾时，若采用细雾喷洒，会使雾滴飘移，造成药害。

不同类型的农药在喷雾时的雾滴选择可参考图 4—6，在温室大棚等封闭的环境中，可以采用极细雾滴的烟雾喷药方式；对于杀虫剂和杀菌剂，应该采用细雾和中等雾喷雾方式；对于除草剂，应采用中等雾、粗雾的喷雾方式。

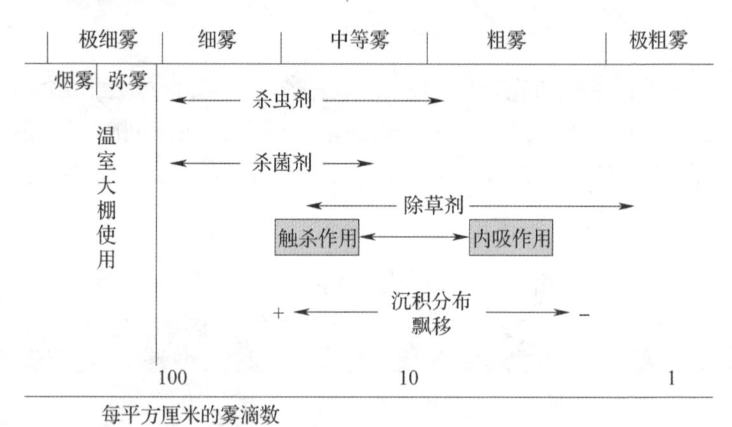

图 4—6　不同类型农药应采用的喷雾方式

话题 4　树枝摇晃不喷药，中午高温勿下地

选择合适时间下地喷药，是安全施用农药最重要的环节之一。很多农户并不了解天气条件与农药安全使用的关系，也不了解有关规定。实际操作中，当风速过大时，很容易使农药雾滴飘移，造成邻近作物药害或蜜蜂中毒，因此，必须像遵守交通规则一样，按农田喷雾的风速标准要求操作。

田间农药喷雾作业就像开辆汽车上马路一样。开车上路，一定要遵守交通规则，如红灯停、绿灯行、靠右行驶、行驶不超速等。农药田间喷雾作业，也应遵守一定的规则，应选择在合适的天气条件下喷雾，不能不考虑天气状况，如风速大小、是否降雨、气温高低等，就随意到田间进行喷药作业。在大风天里进行喷雾作业，很容易因雾滴飘移造成邻近作物发生作物药害、蜜蜂中毒、畜禽中毒，甚至人员中毒。在中午高温时段下地喷药，因高温人容易出汗，人体皮肤汗毛孔打开，此时洒落到人体的农药很容易经皮肤进入人体内，造成中毒事故。

田间喷雾的风速标准

农药雾滴或粉粒在喷洒出去后会“随风飘散”，风对农药雾滴或粉粒沉积分布有很大的影响，风速越大，雾滴飘移的距离就越远。过去提倡在无风条件下喷雾，但近年的研究发现，一定的风速更有利于提高雾滴的沉积效率，因此建议在轻风条件下进行喷雾作业。研究表明，1~4 米 / 秒的风速有利于雾滴在生物靶标上的沉积；风速过大，则农药雾滴飘移风险就大。田间喷雾作业时请参照表 4—3 的风速条件，在不合适的天气条件下应避免喷雾。

表 4—3　　田间喷雾的风速标准

名称	风速（米 / 秒）	可见征象	喷雾作业
无风	<0.5	静、烟直上	不适合
软风	0.5~1.0	烟能表示风向	不适合

续表

名称	风速（米 / 秒）	可见征象	喷雾作业
轻风	1.0~2.0	人面感觉有风，树叶有微响	适合喷雾
微风	2.0~4.0	树叶和小枝摇动不息	禁止喷除草剂，可以喷杀菌剂和杀虫剂
和风	>4.0	能吹起地面灰尘和纸张，树枝摇动	禁止喷雾

农药喷雾时间的选择

利用植物叶片倾角的变化选择最佳喷雾时间　一天之中，一般在日出前后植物的根压和叶片膨压达到高峰，下午达到低谷，故植物叶片在此时呈坚挺和平展状态，叶角分别达到最小和最大。在棉花、花生等多种作物上可观察到这种叶片随光照而改变的情况。因而，最好在清晨或傍晚喷雾，便于雾滴对株冠层的穿透。

利用气温逆增现象选择最佳喷雾时间　气温逆增主要是因为太阳辐射的变化引起的。一般而言，随着作物离地高度的增加，气温会越来越低，形成一个自下而上的温度差。但傍晚时分，由于夜间地面辐射冷却很快，贴近地面的气层也随之降温，离地面越远，降温越少，因而便形成了自地面开始的逆温；随着地表辐射冷却的加剧，逆温逐渐向上扩展，黎明时达到最强，即此时在距离地面一定高度内存在一个自上而下的温度差；日出后，太阳辐射逐渐加强，地面很快增温，逆温就自下而上逐渐消逝。

在农药施用过程中，地面或植被表面以上空气逆温可以使烟粒、雾滴等聚集在逆温层的下面，限制其向上飘移，农药雾滴不致发生对流而迅速扩散，雾滴飘移较少。在森林或茂密的果园内，还会有一段较长的时间保持树冠内的气温逆增现象。树冠的冠面温度在阳光的照射下比冠内地面的温度要高些，所以会出现冠内气温逆增现象，因而细小的气雾雾滴能够在株冠层内停留较长时间。此时的树冠浸没在烟或雾中，是最有利于农药雾滴发挥作用的状态。气温逆增现象只有在晴天的早晨和傍晚才可能出现。因此，为利用气温逆增现象，农药喷雾作业（特别是细雾喷洒）最好选择在晴天的早晨或傍晚进行，可以最大限度地减少农药飘失。

高温喷药风险大

每年6—8月份的高温季节，是作物、果树病虫害发生最严重的季节，也是喷洒农药最频繁的季节，还是发生农药中毒事故最多的季节。人体在不同的气温条件下对农药反应有所不同，当气温达到33℃时，人在这种温度下活动，人体的毛细血管和汗腺扩张，心跳加快，血液循环加速。此时，农药药液很容易渗透皮肤进入人体，当喷洒剧毒、高毒农药时，很容易造成农药中毒。

案例

高温时段打农药，果农晕倒

2008 年 7 月 19 日，国道 206 高速公路蓬莱收费站附近有一果农喷打农药，由于天气炎热和农药的作用晕倒在果园里，幸亏被收费员发现，才避免了一场横祸。

点评

当气温达到 33℃时，人体毛细血管和汗腺扩张，农药药液很容易通过皮肤进入人体，因此，高温时段要禁止喷雾。实际上，每年全国各地都会发生多起因高温喷药中毒的事故。在此提醒农户，避免在高温时段喷药，最好选择在傍晚 5 点以后的时段下地喷药，并且要做好安全防护，穿戴好防护衣帽，避免药剂与人体的接触。

话题 5　喷雾助剂好帮手，省药省工省劳力

导读

在话题 2 和话题 3 中，笔者一再强调在农药喷雾时，要放弃过去传统的大容量、大雾滴的淋洗式喷雾方式，应根据雾滴最佳粒径理论，采用细雾、中等雾等喷雾方式，降低喷雾量。农户可能会反问，减低喷雾量后，能均匀地把药液喷到作物上去吗？答案是肯定的，在药液中添加合适的喷雾助剂，可以协助雾滴在作物表面快速润湿铺展，提高使用效率。

在农药喷雾作业中，药液表面张力、药液在生物靶标上的接触角等对其药效均有影响。笔者曾测定了很多市场上出售的农药品种，其稀释液的表面张力常常高达 50 毫牛 / 米（清水的表面张力大约为 72 毫牛 / 米），农药药液不能很好湿润靶标，因此影响了防治效果。在农药药液中添加合适的喷雾助剂，可以显著降低药液的表面张力，降低药液在靶标表面的接触角，提高药液在靶标表面的润湿性和渗透性，提高防治效果。

农药喷雾助剂

农药喷雾助剂是农药喷雾施药或类似应用技术中使用的助剂总称，它以提高农药使用效率为手段，服务于科学用药的总目标，既高效、安全又经济。喷雾助剂的作用主要有以下几点：

- 改善药液在植物叶面和害虫体表的湿润状况。
- 减少喷雾液的蒸发速度。
- 增进药液对植物叶片或害虫体表的渗透性和输导性。
- 改善农药雾滴在植物叶片或害虫体表分布的均匀性。
- 增加农药混用的相溶性。
- 增加农药对植物的安全性。
- 减少农药雾滴的飘移。

喷雾助剂的选择和预检

在农药喷雾过程中，是否需要添加喷雾助剂，可以参考表4—4。

表 4—4　　喷雾助剂选用建议

环境、植物、气象等条件	选择助剂种类	备注
干燥、空气湿度小	雾滴蒸发抑制剂	纸浆废液、硬脂酸胺、尿素等
表面有蜡质	润湿展着剂	有机硅表面活性剂、非离子表面活性剂
附近有敏感植物	飘移抑制剂	聚乙烯醇、聚甲基丙烯酸钠等
风速较大		
喷雾后可能有降雨	黏着剂	淀粉、聚乙烯醇等
内吸性农药	渗透剂	“力透”表面活性剂，氮酮等

- 当植物叶片或害虫体表有蜡质层存在，需要在喷雾药液中添加一定量的润湿展着剂。

- 当植物叶片表面蜡质层厚（例如甘蓝、水稻和小麦等植物）或叶片表面有浓密茸毛（例如黄瓜叶片）等，或当害虫体表有蜡质层或浓密绒毛时，需要在喷雾药液中添加表面性能优良的润湿展着剂。

- 当使用的药剂为内吸性药剂，需要提高药剂被吸收的量和速度时，可以添加性能优良的渗透剂来提高防治效果。

当喷雾点附近有对所喷农药敏感的植物或动物（例如蜜蜂等），则需要在药液中添加防飘助剂。

有机硅表面活性剂在农药喷雾中的作用

有机硅表面活性剂作为农药喷雾助剂，可以显著降低喷雾液表面张力，喷雾液的表面张力可以降低到22毫牛/米（0.1%水溶液）以下，降低雾滴在植物叶片或害虫体表的接触角，改善喷雾液在植物或昆虫体表的湿润分布性，增加药液的铺展面积，能够提高喷雾液通过叶面气孔时被植物叶片吸收的能力，且省水、节药效果显著。

话题6 温室大棚湿度大，喷粉放烟巧变化

大棚温室在各地发展很快，因其独特的封闭结构，使大棚温室内高温高湿，病虫害发生严重。用常规的喷雾方法，因喷洒大量的药液，会造成棚室内湿度增加，湿度增加又为病害发生提供了条件。在棚室内防治病虫害，可以采取喷粉（粉尘法）和放烟（烟雾法）的方法，可省工、省时，且安全。

大棚温室粉尘法施药技术

所谓粉尘法，就是在温室、大棚等封闭空间内喷撒具有一定细度和分散度的粉尘剂，使粉粒在空间扩散、飘浮，形成浮尘，并能在空间飘浮相当长的时间，因而能在作物株冠层很好地扩散、穿透，形成比较均匀的沉积分布。

1. 粉尘法施药的优点

粉尘法施药技术的优点比较显著，具体表现为以下几点：

● **沉积效率高** 温室大棚保护地中粉尘剂的沉积效率测定可高达 72% 以上，在各种施药方法中是最高的。而烟剂施用后有相当多的烟粒黏附在温室保护地的四壁和棚布上，这是烟态微粒的特征所导致。

● **工作效率高** 由于粉尘剂的强大扩散分布能力，处理 1 亩保护地只需要 5 分钟左右，因此在部分地区此项技术被菜农称为“懒人技术”，这对于病虫害比较严重、施药比较频繁的温室保护地具有重要意义，可减轻操作人员的劳动强度。这样的高工效是由于粉尘剂的强大扩散分布能力所提供的。

● **大幅度节省农药** 粉尘法的高沉积率必然会降低农药用量，保护地粉尘法施药技术一般可降低农药有效成分用量 50% 左右。例如，用 75% 百菌清可湿性粉剂防治黄瓜霜霉病，有效成分用量为每亩 100 克，加水配制成水悬浮液；但在使用 5% 百菌清粉尘剂时，每亩只需要 1 千克，相当于使用 50 克有效成分，而防治效果均达到 92% 以上。在番茄枝上用甲霉灵防治番茄灰霉病也有同样的效果，这是因为粉尘剂具有较高的沉积率的缘故。所以，采用粉尘法施药既高效又经济。

低能耗 粉尘法是一种低能耗施药技术，施药过程中不需要热能，也不需要电能，只需要气流吹送所提供的能量，手摇喷粉器操作中只需要摇动即可。

2. 喷粉时间的选择

在晴天天气条件下，植株叶片温度在一天之中会随着日照的增加而增加，中午日照强烈时叶片的温度高于周围空气的温度，因而，植株叶片此时便成为“热体”（即环境温度低于靶标温度），这种热体不利于细小粉粒在植株叶片上的沉积。试验表明，晴天中午采用粉尘法施药对黄瓜霜霉病的防治效果不理想；在阴天和雨天，由于叶片温度与周围空气温度一致，不同喷粉时间对防治效果影响不大。粉尘法施药最好在傍晚进行，这样，既可取得比较好的防治效果，又不影响农户清晨在棚室内的农事劳动。如果在阴雨天则可全天实施粉尘法施药。

3. 粉尘剂的喷洒方法

用粉尘法施药时，要采用对空喷洒的方法。操作者应从温室的终端（即不开门的一端）开始喷洒，喷粉管无须摆动，但须注意不要让喷粉口直接针对作物植株喷洒，应向作物上方的温室空间喷洒，让粉尘自由扩散分布而自由沉积到作物上。操作者在喷粉的同时逐渐向温室的出口方向缓慢侧向移动，最后退出温室，把温室门关闭，喷粉量控制在 1 千克 / 亩左右为宜。

熏烟法（烟雾法）施药技术

固态颗粒在空气中的分散状态称为“烟”（如人们抽香烟后

冒出的烟），细小液滴在空气中的分散状态称为“雾”。人们常常把在大棚温室内点燃烟剂放烟这种快速高效的农药使用方法称之为烟雾法，实际上，这种“烟雾法”严格意义上来说应该是“熏烟法”。

烟雾法的原理就是把药剂与助燃物质配制成烟雾剂，在棚室内点燃进行病虫害防治的方法。烟雾剂产品类型有块状、粉状等，农药被点燃后，其有效成分在高温条件下升华、气化成非常微小的细颗粒。这种细颗粒均匀扩散于整个大棚温室内，灭杀害虫病菌的范围广、彻底，对地上害虫特别是一些不易用喷雾法灭杀的害虫（如温室白飞虱）效果最为理想。

● **适用农药及防治对象**　10%、30%和45%百菌清烟雾剂可防治黄瓜霜霉病、黄瓜灰霉病、黄瓜菌核病、黄瓜白粉病、黄瓜黑斑病、番茄晚疫病、番茄灰霉病、番茄叶霉病、番茄白粉病、青椒疫病、青椒菌核病、芹菜斑枯病；10%速克灵烟雾剂可防治黄瓜灰霉病、黄瓜菌核病、番茄灰霉病、番茄菌核病、青椒灰霉病、青椒菌核病、芹菜菌核病。农药市场上还有百菌清与腐霉利混配的烟剂等多种类型的产品。

● **烟雾剂的使用**　烟雾剂在大棚温室的整个栽培过程中都适合使用，特别是阴雨天以及低温的冬春季节使用效果最好。

● **操作方法**　熏烟法适宜在下午使用，具体方法是在下午放下草苫后开始，于日落前进行。燃烧前，先关闭棚室各通风口，然后将烟雾剂均匀地施放于棚室内。烟雾剂离开蔬菜30厘米远，由内向外，逐个点燃火药引芯，全部点燃后，把门关闭严实。

● **注意事项**　用药量应适宜，一般每亩用药200～250克即可，用药时间以傍晚为好，并保持棚室密闭，注意人身安全，烟雾剂发烟速度快，老人、儿童不宜施放。

直接加热农药的方法要不得

目前，互联网上和一些报纸上，有向农户推荐直接加热农药来实施熏烟法防治病虫害的文章，教授农民把农药盛于瓷盘或易拉罐内，放到电炉、煤炉或液化气炉上面直接加热。实际上这么做是很危险的。首先，农户应该了解的是：不是所有的农药都可以采用熏烟法，只有个别热稳定性好、有升华作用、蒸气压高的农药品种适合加工成烟雾剂使用，如硫黄、百菌清；另外，农药烟雾剂产品都有一定的技术标准，产品中有助燃剂、阻燃剂等辅助剂，点燃后的温度可以控制。而网络上推荐的方法，农户根本无法控制加热温度，如果农户采用高毒农药加热用药，很容易使操作者吸入大量有毒药剂，造成中毒事故。笔者强烈呼吁，农户切不可尝试自行加热农药的方法。

案例

封闭空间烟熏蟑螂，人员吸入导致中毒

2008 年 9 月 17 日，郑州市顺河路某酒店为消灭酒店内的蟑螂，在酒店里投放了 4 枚烟雾弹，灭蟑烟雾弹操作简单，引燃后烟雾能迅速弥漫整个空间，有 3 名员工在酒店房间睡觉，吸入了较多的烟雾，引起中毒，经抢救才脱离了危险。

点评

烟雾弹、烟雾片等在引燃后会产生大量

的烟雾，弥漫在整个空间。因烟雾颗粒的粒径多在1微米以下，这些细小的农药烟雾颗粒在空间内可以做布朗运动，对所处理空间内的害虫有很好的杀灭效果。为确保烟雾防治害虫的效果，在使用时要求使用者把房间的门窗关闭起来，因此，引燃烟雾后需要等待一定时间，在确定所处理空间的烟雾都沉降下来后，人员才能进入。本案例中，使用者在房间引燃烟雾后，在尚未等到烟雾完全尘埃落定的情况下贸然进入房间睡觉，导致吸入较多的烟雾，引起中毒。农户在温室大棚使用烟雾法和粉尘方法时，也要注意同样的问题，一定要在处理完一定时间后才进入棚室，一般推荐在傍晚用烟雾、粉尘处理，隔日早晨再进入棚室劳动。

第五讲

农药的科学选用

话题1　科学选用杀虫剂

杀虫剂以害虫为主要防治对象。在农业生产中，害虫是指能对农作物的生长发育或农产品造成危害的昆虫或螨类等有害生物，在害虫种类中昆虫占绝大多数。昆虫与螨类都属于节肢动物，其生命特征与哺乳动物有很大差异。作用于神经系统的杀虫剂虽然对害虫高效，但对哺乳动物毒性也较大；节肢动物的骨骼与一般动物的骨骼有所不同，其整个躯体由含几丁质的外骨骼支撑和保护，因此，作用于昆虫几丁质合成、蜕皮的杀虫剂对哺乳动物非常安全。

了解杀虫剂杀死害虫的方式，对于科学使用杀虫剂非常重要。在实际生产中，不同杀虫剂的作用效果有所不同，有些杀虫剂喷施后，害虫会很快被“击倒”，而有的药剂喷雾后，害虫仍然趴在叶片上；有的药剂在喷药后1个小时即可杀死害虫，而有的药剂喷施几天后才使害虫死亡。在不了解杀虫剂的作用机理和作用方式的条件下，农户大都喜欢速效的药剂，对于安全低毒的杀虫剂，如害虫生长抑制剂、昆虫取食抑制剂，因为作用速度慢，往往会放弃选用。实际上，这种追求速效的做法是不科学的。随着农业科技的发展和人们对环境保护的重视，杀虫剂逐渐向高效、安全、高纯度和非杀生性方向发展。

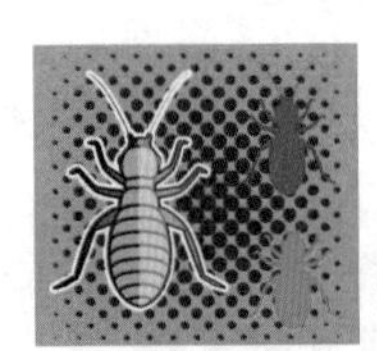

杀虫剂的防治对象

杀虫剂的防治对象是昆虫和害螨。昆虫具有如下特征：一是躯体的环节分别集合组成头、胸、腹三个体段，头部为感觉和取食的中心，具有1对触角；二是胸部为运动的中心，具有3对足，一般还有2对翅膀；三是从卵中孵出来的昆虫，在生长发育过程中，通常要经过一系列内部和外部体态上的显著变化，才能转化成性成熟的成虫。这种体态上的改变称为变态，一般昆虫需要经过卵、幼虫、蛹、成虫四个虫态，幼虫期是昆虫危害农作物的最主要虫态。

1. 根据所属昆虫科目分类

农业害虫的种类繁多，与杀虫剂防治关系密切的有 7 个目的害虫，分别是直翅目、缨翅目、同翅目、半翅目、鳞翅目、鞘翅目、双翅目。

直翅目 直翅目昆虫是昆虫纲中较大的一目，包括蝗虫、蟋蟀、螽斯、蝼蛄等常见昆虫。直翅目昆虫体为大型或中型，咀嚼式口器，前翅狭长且稍硬化，后翅膜质。有些种类短翅，甚至无翅。有些种类飞行力极强，能长距离迁飞，后足强壮，善于跳跃。

缨翅目 缨翅目昆虫通称蓟马，身体微小，一般呈黄褐色或黑色，眼发达，触角较长，锉吸式口器，翅膜质，翅缘具有密而长的缨状缘毛。农业生产中为害严重的有稻蓟马、烟蓟马、温室蓟马、稻管蓟马、麦简管蓟马。

同翅目 同翅目昆虫包括蝉、叶蝉、飞虱、木虱、粉虱、蚜虫及介壳虫等。同翅目昆虫多为小型昆虫，刺吸式口器，其基部生于头部的腹面后方，好像出自前足基节之间。具翅种类的昆虫前后翅均为膜质，静止时呈屋脊状覆于体背上，很多同翅目昆虫的雌虫无翅，介壳虫和蚜虫中常有无翅型，叶蝉和蚜虫等还能传播植物病毒病。

半翅目 半翅目昆虫通称“蝽”或“椿象”，多数体形宽，略扁平，前翅基半部革质，端半部膜质，也称为半鞘翅。刺吸式口器，其若虫腹部有臭腺，故有“臭虫”“放屁虫”之名。农业生产中为害严重的有绿盲蝽、苜蓿盲蝽、中黑盲蝽等。

鳞翅目 鳞翅目昆虫是对农业生产为害最严重的害虫种类，如棉铃虫、小菜蛾、食心虫、二化螟、桃蛀螟等。其最大特点是翅面上均覆盖着小鳞片，成虫称“蛾”或“蝶”，虹吸式口器，形成长形而能卷起的喙。蛾类昆虫触角呈线状或羽状；蝶类昆虫触角为棒形，触角端部各节粗壮，呈棒槌状。蝶类昆虫休息时翅合拢立于背上；蛾类昆虫休息时则将翅平放于身体两侧或收缩成屋脊状。蝶类昆虫大多在白天活动，而蛾类昆虫大多夜间活动，通常都具有较强的趋光性。

鞘翅目 鞘翅目昆虫包括黄曲跳甲、黄粉虫、金龟子、桑天牛、马铃薯甲虫等农业害虫，通称甲虫，简称“甲”。一般躯体坚硬，有光泽，头正常，也有向前延伸成喙状的（象鼻虫），末端为咀嚼式口器。前翅角质化、坚硬，称为鞘翅，无明显翅脉。

双翅目 双翅目昆虫包括蚊、蝇、虻等，刺吸式或舐吸式口器，前翅膜质发达，后翅退化为平衡棒。农业生产中为害的害虫有麦红吸浆虫、麦黄吸浆虫、稻瘿蚊、柑橘大实蝇、瓜实蝇、美洲斑潜蝇等。

2. 根据害虫口器分类

根据害虫的口器可以简单地把害虫分为咀嚼式口器害虫和刺吸式口器害虫。在农业害虫中，棉铃虫、小菜蛾、甜菜夜蛾、黏虫等鳞翅目害虫的幼虫和蝗虫均是典型的咀嚼式口器害虫；蚜虫、叶蝉、飞虱、蓟马等农业害虫属于刺吸式口器害虫。

3. 根据危害部位和方式分类

根据害虫为害作物的部位和方式可将其分为以下几类：

食叶类害虫 这类害虫的口器是咀嚼式的，为害时大口大口地蚕食作物叶片，造成叶片破损，严重时叶片可被全部吃光。食叶类害虫常见品种有黄刺蛾、大造桥虫、金龟子等，还有蜗牛、蛞蝓、鼠妇等。

刺吸类害虫 此类害虫口器如针管，可刺进作物组织（叶片或嫩尖），吸食植物组织的营养，使叶片干枯、脱落，受害叶片往往表现为失绿变为白色或褐色。这类害虫形体较小，种类繁多，有时不易被发现，常见的有蚜虫类、介壳虫类、粉虱类、蓟马类、叶螨类等。此类害虫中有的可分泌蜜露，有的可分泌蜡质，不但污染作物叶片、枝条，且极易导致作物患上煤污病；此类害虫中的螨类能吐丝结网，严重时网可粘连叶片和枝条。

钻蛀类害虫 这类害虫钻蛀在植物的枝条与茎秆里面蛀食为害。它们可以将茎、枝蛀空，最终导致植株死亡，如玉米螟、天牛、大丽花螟蛾、玫瑰茎蜂等。有的钻入叶片为害，叶片上可见钻蛀的隧道，可导致叶片干枯死亡。

土壤害虫 这类害虫一生生活在土壤的浅层和表层，常造成被害植株萎蔫或死亡，如地老虎、金针虫、蝼蛄等。

4. 害螨

在农业害虫中，另一类重要的害虫是属于节肢动物门下蛛形纲的螨类害虫。螨类害虫一般没有明显的头部，也无触角，有4对行动足，成螨和若螨在外形上差异不大。由于形体微小，一般肉眼看不见，只有在农作物出现了比较明显的为害症状时，如叶片出现失绿斑点或变形皱缩等，才能引起人们的注意。根据为害部位可将害螨分为两大类：

为害叶片和果实的害螨 包括叶螨科、跗线螨科、叶爪螨科和瘿螨科害虫。

为害根部的害螨 主要是粉螨科根螨属害虫。

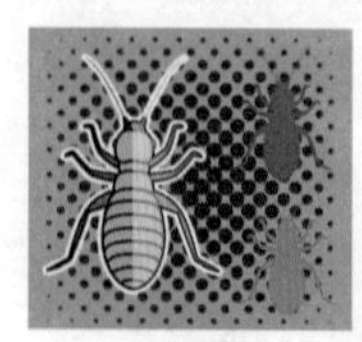

杀虫剂的作用方式

杀虫剂的作用方式主要有胃毒作用、触杀作用、熏蒸作用、内吸作用等。无机杀虫剂和植物性杀虫剂，通常每种药剂只有一种作用方式；有机合成杀虫剂，通常每种药剂兼有多种作用方式，如毒死蜱对害虫具有胃毒、触杀和较强的熏蒸作用。有些特异性杀虫剂的作用方式不是“杀死”害虫，而是通过引诱、忌避与拒食、不育、调节生长发育等方式发挥“调控”作用。

1. 触杀作用

（1）触杀作用的方式

● 药剂通过与害虫表皮接触进入体内发挥作用使害虫中毒死亡，这种作用方式称为接触杀虫作用，简称触杀作用。这是现代杀虫剂中最常见的作用方式，大多数拟除虫菊酯类及很多有机磷类、氨基甲酸酯类杀虫剂品种都有很好的触杀作用。

● 具有触杀作用的杀虫剂称为触杀剂。触杀剂一般对各种口器的害虫均有效果，但对身体有蜡质保护层的害虫如介壳虫、粉虱效果不佳。

（2）触杀作用的途径

● 害虫表皮接触药剂有两条途径：一是在喷粉、喷雾或放烟过程中，粉粒、雾滴或烟粒直接沉积到害虫体表；二是害虫爬行时，与沉积在靶标表面上的粉粒、雾滴或烟粒摩擦接触。

● 药剂与害虫接触后，就能从害虫的表皮、足、触角或者气门等部位进入害虫体内，使害虫中毒死亡。以触杀作用为主的杀虫剂，如氰戊菊酯，对体表具有较厚蜡质层保护的害虫如介壳虫效果不佳。

无论是哪一条途径，触杀剂在使用时都要求药剂在靶标表面（害虫体壁和农作物叶片等）有均匀的沉积分布。

（3）触杀喷雾作业

研究表明，农药喷雾时害虫对细雾滴的捕获能力优于粗雾滴（参见生物最佳粒径理论），且细雾滴在靶标叶片上的沉积分布均匀，因此，触杀剂喷雾作业时应该采用细雾喷洒法。生物靶标表面的不同结构也会影响其与农药雾滴的有效接触，例如介壳虫体表以及水稻、小麦等作物叶片都有较厚蜡质层，较难被药液润湿。

由于多数触杀剂的水溶性很低，沉积在植物体表面的药剂几乎不能被植物叶片吸收，因此，采用喷雾法时，还应采取措施使药液对靶标表面有良好的润湿性能和黏附性能。

2. 胃毒作用

（1）胃毒作用的方式

药剂通过害虫口器摄入体内，经消化系统发挥作用使害虫中毒死亡称为胃毒作用，有胃毒作用的杀虫剂称为胃毒剂。

胃毒剂只能对具有咀嚼式口器的害虫发生作用，如鳞翅目（幼虫）、鞘翅目和膜翅目害虫。敌百虫是典型的胃毒剂，药液喷洒在甘蓝叶片上，菜青虫嚼食菜叶就把药剂吃进体内，中毒死亡。

胃毒剂是随同作物一起被害虫嚼食而进入消化道的，由于害虫的口器很小，太粗而坚硬的农药颗粒不容易被害虫咬碎进入消化道。与植物体黏附不牢固的农药颗粒也不容易被害虫取食。

（2）胃毒作用的途径

胃毒剂主要通过害虫的口器及消化系统进入害虫体内，使害虫中毒。这类杀虫剂一般对刺吸式口器害虫无效。

3. 内吸杀虫作用

（1）内吸杀虫作用的方式

● 药剂被植物吸收后能在植物体内发生传导而传送到植物体的其他部分发挥作用，这种作用方式称为内吸杀虫作用。

● 内吸作用很强的杀虫剂称为内吸杀虫剂，如乐果、克百威、吡虫啉等。内吸杀虫剂的水溶性通常大于触杀药剂，如乐果在水中的溶解度为 25 克 / 升。

● 内吸杀虫剂被植物吸收后在植物木质部、韧皮部中传导分布，可以杀死以植物为食或刺吸植物汁液以及在植物体内为害的害虫。因此，内吸杀虫剂主要用于防治刺吸式口器的害虫，如蚜虫、螨类、介壳虫、飞虱等，不宜用于防治非刺吸式口器的害虫。

（2）内吸杀虫作用的途径和施药方法

● 内吸作用可以通过叶部吸收、茎秆吸收和根部吸收等多种途径进入作物体内，所以，内吸药剂施药方法多种多样。

● 茎秆部吸收一般采取涂茎和包扎茎秆等施药方法，根部吸收则通过土壤药剂处理、根区施药以及灌根等施药方法，叶部的内吸作用则主要通过叶片施药方法。

● 内吸杀虫剂大多以向植株上部传导为主，这种传导作用称为“向顶性传导作用”。叶片处理的内吸杀虫剂很少向下传导，喷洒在植物叶片上的内吸杀虫剂，如果分布不均匀，也不能获得理想的杀虫效果。所以，在使用内吸药剂时不能随意喷药，应注意施药质量。

- 内吸杀虫剂也可以被种子吸收。如通过浸种方法，使药剂分布在种皮和子叶上，可以防止害虫为害。种子发芽后，某些内吸药剂（如克百威）可以传导到幼苗中，保护幼苗免受虫害。

（3）内吸杀虫作业要求

内吸杀虫剂有多种施药方法，一定要根据作物、天气等具体情况加以选择。利用农药的内吸作用施用农药时，需要根据植物的生理活动特性决定农药施用时间。植物在一天中的呼吸作用有差异，在日出前后呼吸作用最强，因此，在日出前后施用农药更容易发挥药剂的内吸作用，取得满意的防治效果。

4. 熏蒸作用

（1）熏蒸杀虫作用的方式

药剂以气体状态经害虫呼吸系统进入虫体，使害虫中毒死亡的作用方式称为熏蒸杀虫作用。典型的熏蒸杀虫剂都具有很强的气化性，有的在常温下就是气体状态（如溴甲烷、硫酰氟），熏蒸杀虫剂的使用通常采用熏蒸消毒法。

（2）熏蒸杀虫作用的途径和作业要求

由于药剂以气态形式进入害虫体内，因此，熏蒸消毒在施药作业时有两方面的要求：

- 必须密闭使用，防止药剂逸失，例如用溴甲烷、氯化苦进行土壤熏蒸消毒时需要在土壤表面覆盖塑料膜；用磷化铝在粮仓消毒时需要将整个粮仓密闭。

- 要求有较高的环境温度和湿度。较高的温度利于药剂在密闭空间扩散，对于土壤熏蒸，较高的温湿度还有利于增加有害生物的敏感性，提高熏蒸效果。

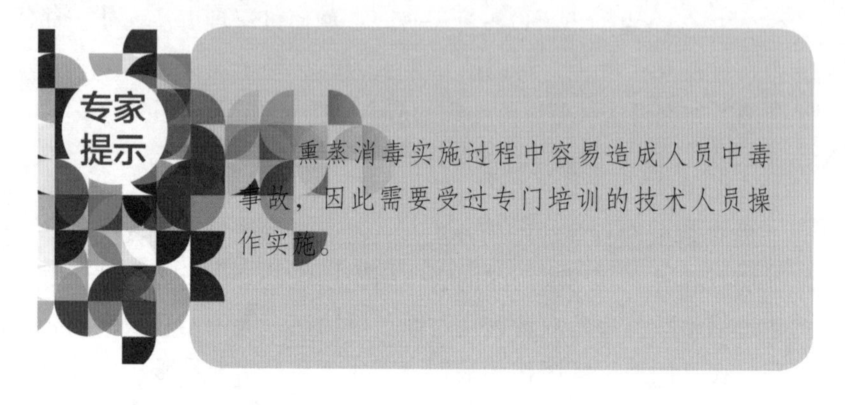

5. 昆虫生长调节作用

（1）昆虫生长调节作用的方式

昆虫生长调节作用是通过抑制昆虫生理发育，如抑制蜕皮、抑制新表皮形成、抑制取食等方式，最后导致害虫死亡。

（2）昆虫生长调节剂的种类和作用途径

昆虫生长调节剂主要包括几丁质合成抑制剂、保幼激素类似物和蜕皮激素类似物。

几丁质合成抑制剂 几丁质合成抑制剂能够抑制昆虫几丁质合成酶的活性，阻碍几丁质合成，从而阻碍新表皮的形成，使昆虫蜕皮、化蛹受阻，活动减缓，取食减少，甚至死亡，主要种类有苯甲酰脲类、噻二嗪类、三嗪（嘧啶）胺类杀虫剂。

保幼激素类似物 保幼激素类似物具有保幼激素的活性，能抑制卵的发育、幼虫的蜕皮和成虫的羽化，使害虫生长发育不正常而导致其死亡，如烯虫酯、双氧威、吡丙醚、哒幼酮等杀虫剂。

蜕皮激素类似物 蜕皮激素类似物具有蜕皮激素的活性，能诱使害虫发生异常的早蜕皮，并迅速降低幼虫和成虫取食能力，从而使害虫死亡，如双酰肼类化合物抑食肼、虫酰肼、甲氧虫酰肼等杀虫剂。

抑制昆虫取食的药剂称为拒食剂，可使咀嚼式口器害虫拒食，从而使害虫数量下降，达到控制害虫的目的。印楝素是一种植物源昆虫拒食剂，这种药剂对环境无污染，对害虫的天敌安全，害虫不易产生抗药性，完全符合综合治理的要求。

杀虫剂的种类和使用方法

1. 有机磷酸酯类杀虫剂

（1）有机磷酸酯类杀虫剂作用方式

有机磷酸酯类杀虫剂简称有机磷杀虫剂，其主要杀虫作用机理是抑制昆虫体内神经组织中胆碱酯酶的活性，破坏神经信号的正常传导，引起一系列神经系统中毒症状，导致害虫死亡。这类杀虫剂品种繁多，开发应用历史悠久，使用范围广泛。

从对硫磷成为全世界用量最大、最重要的有机磷杀虫剂以来，已有 50 年历史，目前有机磷仍然是最重要的杀虫剂，已经商品化的品种多达 200 多种，常用的有数十种。

多数有机磷杀虫剂兼有触杀、胃毒和熏蒸等多种杀虫作用方式。一般品种杀虫谱很广，但有些品种也具有较强的选择性。这类杀虫剂中有不少品种对哺乳动物急性毒性大，因此使用中应注意安全。

我国从2007年1月1日起，全面禁止甲胺磷、对硫磷、甲基对硫磷、久效磷、磷胺五种高毒有机磷杀虫剂的生产、销售和使用。但一些中等毒和低毒有机磷杀虫剂如毒死蜱、马拉硫磷、辛硫磷、敌敌畏等仍是重要的杀虫剂。

（2）有机磷杀虫剂的主要品种和使用方法

有机磷杀虫剂的主要品种和使用方法见表5—1。

2. 拟除虫菊酯类杀虫剂

（1）拟除虫菊酯类杀虫剂的作用方式

● 拟除虫菊酯类杀虫剂是模拟除虫菊花中所含的天然除虫菊素而合成的一类杀虫剂，由于它们的化学分子结构与天然除虫菊素相似，所以统称为拟除虫菊酯类杀虫剂。

● 此类杀虫剂具有高效、杀虫谱广、对人畜和环境较安全的特点，主要的品种已达60多种，其作用方式主要是触杀和胃毒作用，无内吸作用，有的品种具有一定的渗透作用。20世纪80年代初在我国开始推广应用。

（2）拟除虫菊酯类杀虫剂的部分代表品种及使用方法

拟除虫菊酯类杀虫剂的部分代表品种及使用方法见表5—2。

3. 氨基甲酸酯类杀虫剂

（1）氨基甲酸酯类杀虫剂作用方式

表 5—1　有机磷杀虫剂的主要品种和使用方法

农药名称	急性毒性	作用部位	制剂	防治对象	作用方式	使用方法
辛硫磷	低毒	神经系统	40% 乳油，3% 颗粒剂，1.5% 颗粒剂，3% 种衣剂等	蔬菜菜青虫等，玉米螟等，棉蚜、棉铃虫，花生地下害虫，仓储害虫等	胃毒、触杀	喷雾，沟施，穴施，撒施，拌原粮
敌百虫	低毒	神经系统	80% 可溶性粉剂，30% 乳油，25% 油剂，2.5% 粉剂	水稻螟虫，小麦黏虫，蔬菜菜青虫，棉花造桥虫，林木害虫，茶树、果树卷叶蛾等	胃毒、触杀、熏蒸	喷雾，超低量喷雾，喷粉
敌敌畏	中等毒	神经系统	80% 乳油，32% 烟剂，50% 油剂	棉蚜及造桥虫、小麦黏虫及蚜虫等，保护地黄瓜蚜虫，林木害虫，储粮害虫等	熏蒸、胃毒、触杀	喷雾，熏烟，超低量喷雾或喷烟，熏蒸
马拉硫磷	低毒	神经系统	45% 乳油，25% 油剂，1.8% 粉剂，	水稻飞虱、叶蝉、蓟马等，小麦蚜虫、黏虫等，蔬菜蚜虫等，林木害虫，牧草蝗虫，仓储原粮害虫等	触杀、胃毒、熏蒸	喷雾，超低量喷雾或喷烟，拌施（拌粮）
毒死蜱	中等毒	神经系统	48% 乳油，30% 微乳剂	棉铃虫及棉蚜，水稻飞虱，苹果树桃小食心虫等	触杀、胃毒、熏蒸	喷雾
二嗪磷	中等毒	神经系统	50% 乳油，3% 颗粒剂	棉蚜，小麦地下害虫，水稻二化螟、三化螟等	触杀、胃毒、熏蒸	喷雾，撒施颗粒

续表

农药名称	急性毒性	作用部位	制剂	防治对象	作用方式	使用方法
氧乐果	高毒	神经系统	40%乳油	水稻飞虱，稻纵卷叶螟等，棉蚜，小麦蚜虫等	触杀、内吸	喷雾
特丁硫磷	剧毒	神经系统	5%颗粒剂	多种地下害虫	内吸、胃毒、熏蒸	颗粒撒施（因其剧毒，注意安全）

表 5—2　拟除虫菊酯类杀虫剂的部分代表品种和使用方法

农药名称	急性毒性	作用部位	制剂	防治对象	作用方式	使用方法
氟氯氰菊酯	低毒	神经系统	5.7%乳油	棉花棉铃虫，甘蓝菜青虫、菜蚜等	触杀、胃毒、内渗	喷雾
氯氰菊酯	中等毒	神经系统	10%乳油	蔬菜菜青虫，棉花棉铃虫、棉蚜等，柑橘潜叶蛾，苹果小食心虫等	触杀、胃毒	喷雾
高效氯氰菊酯	中等毒	神经系统	2.5%乳油，4.5%微乳剂，4.5%水乳剂，5%片剂，2%烟剂	棉花棉蚜、棉铃虫、红铃虫等，蔬菜菜青虫、小菜蛾、菜蚜等，柑橘树潜叶蛾，黄瓜蚜虫等	触杀、胃毒	喷雾熏烟

续表

农药名称	急性毒性	作用部位	制剂	防治对象	作用方式	使用方法
甲氰菊酯	中等毒	神经系统	10%、20%乳油	苹果树桃小食心虫、红蜘蛛等	触杀、胃毒、驱避	喷雾
氰戊菊酯	中等毒	神经系统	20%乳油，30%水乳剂	棉花蚜虫、红铃虫等，柑橘树潜叶蛾等	触杀、胃毒、驱避	喷雾
溴氰菊酯	中等毒	神经系统	2.5%乳油，2.5%可湿性粉剂，0.25%粉剂	棉铃虫、棉红铃虫、棉蚜等，桃小食心虫，菜青虫等，粮食储粮害虫，蝇蚊等	触杀、胃毒、驱避	喷雾，喷粉

此类杀虫剂的分子中都有氨基甲酸的分子结构，所以统称为氨基甲酸酯类杀虫剂，中文通用名均用“威”作后缀，如灭多威、涕灭威、克百威等。

这类杀虫剂是在研究天然毒扁豆碱生物活性和化学结构的基础上发展起来的，从来源上划分属于植物源杀虫剂。自 1956 年第一个商品化的品种甲萘威（即西维因）问世后已有 50 年的历史，已经发展成为一类重要的杀虫剂。目前商品化的品种已有 50 多个，但真正大量生产的品种仅十几个。

此类杀虫剂的作用方式类似于有机磷杀虫剂，具有触杀、胃毒和内吸杀虫作用，一般杀虫范围不如有机磷杀虫剂广。不少氨基甲酸酯类杀虫剂品种具有高效、毒性较低、选择性较强的特点。

（2）氨基甲酸酯类杀虫剂的部分代表品种及使用方法

氨基甲酸酯类杀虫剂的部分代表品种及使用方法见表 5—3。

表 5—3　氨基甲酸酯类杀虫剂的部分代表品种和使用方法

农药名称	急性毒性	作用部位	制剂	防治对象	作用方式	使用方法
仲丁威	低毒	神经系统	50% 乳油	水稻飞虱、叶蝉等	触杀、胃毒、熏蒸	喷雾
硫双灭多威	中等毒	神经系统	75% 可湿性粉剂	棉铃虫	触杀、胃毒、内吸	喷雾
甲萘威	中等毒	神经系统	50% 可湿性粉剂，2% 粉剂	棉花红铃虫、蚜虫等，水稻飞虱、叶蝉等，烟草烟青虫等，豆类造桥虫等	触杀、胃毒	喷雾
抗蚜威	中等毒	神经系统	50% 可湿性粉剂	小麦蚜虫	触杀、熏蒸、内渗	喷雾
异丙威	中等毒	神经系统	20% 乳油，2% 粉剂，10% 可湿性粉剂，10% 烟剂	水稻飞虱、叶蝉等，黄瓜蚜虫	触杀、渗透	喷雾，喷粉，熏烟法
丁硫克百威	中等毒	神经系统	20% 乳油，35% 种子处理剂	柑橘树锈壁虱，棉花蚜虫，柑橘蚜虫等，水稻稻蓟马、稻蚊蝇等	触杀、胃毒、熏蒸	喷雾，拌种
克百威	高毒	神经系统	3% 颗粒剂，10% 悬浮种衣剂	水稻螟虫、稻瘿蚊等，棉蚜，花生线虫等	内吸、触杀、胃毒	撒施，沟施，拌种
涕灭威	剧毒	神经系统	5% 颗粒剂	棉花蚜虫，花生线虫，烟草蚜虫，月季红蜘蛛	触杀、胃毒、内吸	沟施穴施

4. 新烟碱类杀虫剂

（1）新烟碱类杀虫剂作用方式

新烟碱类杀虫剂是20世纪90年代新发展起来的一类具有全新结构的超高效杀虫剂，也是自菊酯类杀虫剂问世以来销售量增长最快的一类杀虫剂。除农民朋友较熟悉的吡虫啉以外，市场上可见到的新烟碱类杀虫剂还有啶虫脒和噻虫嗪等。其中吡虫啉和啶虫脒被称为第一代新烟碱类杀虫剂，噻虫嗪等称为第二代新烟碱类杀虫剂。

新烟碱类杀虫剂虽然也作用于害虫的神经系统，但与传统的有机磷、氨基甲酸酯和菊酯类农药不同，不存在交互抗性。

吡虫啉是目前应用最广的新烟碱类杀虫剂，广谱、高效、持效期长，为全球销量最高的杀虫剂。吡虫啉对刺吸式口器的蚜虫、叶蝉等害虫以及鞘翅目害虫有非常好的防治效果，还可用于建筑物防治白蚁以及猫狗等宠物身上的跳蚤等，更适合用于处理土壤和种子。

（2）新烟碱类杀虫剂的部分代表品种和使用方法

新烟碱类杀虫剂的部分代表品种和使用方法见表5—4。

表5—4　新烟碱类杀虫剂的部分代表品种和使用方法

农药名称	急性毒性	作用部位	制剂	防治对象	作用方式	使用方法
吡虫啉	低毒	神经系统	70%水分散粒剂，70%湿拌种剂，60%种子处理悬浮剂，70%可湿性粉剂，48%悬浮剂，30%微乳剂，20%浓可溶剂，6%可溶液剂，20%泡腾片剂，10%乳油	白粉虱、稻飞虱、蚜虫、潜叶蛾、梨木虱、叶蝉	触杀、胃毒、内吸	喷雾或拌种

续表

农药名称	急性毒性	作用部位	制剂	防治对象	作用方式	使用方法
啶虫脒	中等毒	神经系统	20% 可湿性粉剂，25% 水分散粒剂，60% 泡腾片剂，20% 可溶液剂，10% 乳油，5% 悬浮剂，3% 微乳剂	蚜虫、蓟马、粉虱	触杀、胃毒、内吸	喷雾
噻虫嗪	低毒	神经系统	25% 水分散颗粒剂，70% 可分散性种子处理剂	蚜虫、叶蝉、飞虱、蓟马、粉蚧马铃薯甲虫、地下甲虫、潜叶蛾、稻蚧	触杀、胃毒、内吸	喷雾或种子处理
烯啶虫胺	低毒	神经系统	10% 可溶液剂	稻飞虱、蚜虫、蓟马、白粉虱、烟粉虱、叶蝉	内吸	喷雾

5. 沙蚕毒素类杀虫剂

（1）沙蚕毒素类杀虫剂作用方式

沙蚕是一种生活在海滩泥沙中的环节蠕虫，体内含有一种有毒物质叫沙蚕毒素，对害虫有很强的毒杀作用。在研究天然沙蚕毒素的杀虫活性、有效成分、化学结构、杀虫机制等基础上，人们仿生合成了一类生物活性和作用机理类似于天然沙蚕毒素的有机合成杀虫剂。

这类杀虫剂品种不多，但杀虫谱较广，尤其是在水稻害虫防治方面应用范围广，如杀虫双和杀虫单。其主要作用机理是作用于神经节胆碱能突触，阻遏昆虫中枢神经系统的突触传导，导致昆虫死亡，一般兼有触杀和胃毒作用，有些品种有熏蒸作用。

由于杀虫作用的靶标不同，这类杀虫剂对有机磷、氨基甲酸酯、拟除虫菊酯类杀虫剂产生抗药性的害虫无交互抗药性问题。

沙蚕毒素类杀虫剂对家蚕有很强的杀伤力，桑叶上只要有极微量的药剂，家蚕吃了就会中毒死亡。在养蚕地区使用此类杀虫剂，若采取细雾喷洒措施，细小雾滴飘移极易污染桑叶，进而造成家蚕中毒死亡。因此在养蚕地区的水稻田使用此类杀虫剂，一定要注意克服药剂飘移问题。

（2）沙蚕毒素类杀虫剂的代表品种和使用方法

沙蚕毒素类杀虫剂的代表品种和使用方法见表5—5。

表5—5　沙蚕毒素类杀虫剂的代表品种和使用方法

农药名称	急性毒性	作用部位	制剂	防治对象	作用方式	使用方法
杀虫双	中等毒	神经系统	18%水剂，3.6%大粒剂，18%撒滴剂	水稻二化螟、三化螟、稻纵卷叶螟、稻苞虫等，果树、玉米、小麦等多种害虫	胃毒、触杀、内吸、熏蒸	喷雾撒施

续表

农药名称	急性毒性	作用部位	制剂	防治对象	作用方式	使用方法
杀虫单	中等毒	神经系统	50% 可溶性粉剂，3.6% 颗粒剂	水稻二化螟、三化螟、稻纵卷叶螟、稻苞虫等，果树、玉米、小麦等多种害虫	胃毒、触杀、内吸、熏蒸	喷雾撒施
杀螟丹	中等毒	神经系统	98% 可溶性粉剂	水稻二化螟、三化螟等，柑橘潜叶蝇、桃小食心虫、梨小食心虫等，蔬菜菜青虫等	胃毒、触杀、内吸、杀卵	喷雾

6. 昆虫生长调节剂类杀虫剂

（1）昆虫生长调节剂类杀虫剂作用方式

● 昆虫生长调节剂是通过抑制昆虫生理发育，如抑制蜕皮、抑制新表皮形成、抑制取食等最终导致害虫死亡的一类药剂。由于其作用机理不同于以往作用于神经系统的传统杀虫剂，其毒性低，污染少，对天敌和有益生物影响小，有助于农业的可持续发展，有利于无公害绿色食品生产，有益于人类健康，因此被誉为“第三代农药”“21 世纪农药”“非杀生性杀虫剂”“生物调节剂”“特异性昆虫控制剂”。

● 目前常见的几丁质合成抑制剂有除虫脲（灭幼脲一号）、氟铃脲、氟啶脲等；蜕皮激素类杀虫剂有抑食肼、虫酰肼等。

● 由于使用这类杀虫剂有利于保护人类生态环境，是解决农药污染的一种途径，因此此类杀虫剂成为杀虫剂研究与开发的一个重点领域。

（2）昆虫生长调节剂类杀虫剂的代表品种和使用方法

昆虫生长调节剂类杀虫剂的代表品种和使用方法见表5—6。

表5—6 昆虫生长调节剂类杀虫剂的代表品种和使用方法

农药名称	急性毒性	作用部位	制剂	防治对象	作用方式	使用方法
灭幼脲（灭幼脲3号）	低毒	抑制昆虫几丁质合成	20%悬浮剂，25%悬浮剂	松毛虫，菜青虫，黏虫，苹果树金纹细蛾	胃毒、触杀	喷雾
除虫脲（灭幼脲1号）	低毒	抑制昆虫几丁质合成	5%乳油，20%悬浮剂，25%可湿性粉剂	苹果树金纹细蛾，柑橘树潜叶蛾，黏虫，菜青虫，松毛虫等	胃毒、触杀	喷雾
灭蝇胺	低毒	抑制昆虫羽化	70%可湿性粉剂，50%水溶性粉剂，10%悬浮剂	黄瓜、菜豆斑潜蝇，韭蛆	触杀	喷雾，灌根
苯氧威	低毒	抑制幼虫蜕皮	5%粉剂	仓储害虫	触杀、胃毒	拌原粮
抑食肼	中等毒	抑制昆虫进食	20%可湿性粉剂，20%悬浮剂	蔬菜斜纹夜蛾、小菜蛾、菜青虫	胃毒	喷雾

续表

农药名称	急性毒性	作用部位	制剂	防治对象	作用方式	使用方法
虫酰肼	低毒	促进昆虫蜕皮	24%悬浮剂	甘蓝甜菜夜蛾，苹果树卷叶蛾，马尾松毛虫	胃毒	喷雾
噻嗪酮	低毒	抑制昆虫几丁质合成	25%可湿性粉剂，25%悬浮剂，8%展膜油剂	稻飞虱、叶蝉等，柑橘树矢尖蚧，茶小绿叶蝉，温室白粉虱等	触杀、胃毒、内渗	喷雾，洒滴

7. 微生物源杀虫剂

（1）微生物源杀虫剂作用方式

● 微生物源杀虫剂利用细菌、真菌、病毒和微孢子虫等来控制和防治害虫，这些微生物就称为病原微生物；利用微生物的发酵产物生产的杀虫物质称为抗生素，这些病原微生物和抗生素都来源于微生物，因此统称为微生物源杀虫剂。

● 目前世界上已分离出昆虫病原细菌和变种 90 多种，已知的昆虫病原真菌有 530 余种，已知的病原病毒达 700 种以上，这么多的病原微生物中，商品化的只有苏云金杆菌、白僵菌、绿僵菌、核型多角体病毒（NPV 病毒）等少数几种。用于防治害虫的微生物源杀虫剂一般具有安全性、选择性较强的特点。有的品种虽然原药毒性高，但由于每亩有效成分用量很低，因此，加工成制剂使用也是安全的。

● 微生物源杀虫剂的不足之处是应用效果受环境影响大，药效发挥慢，防治暴发性害虫效果差。

（2）微生物源杀虫剂的代表品种和使用方法

微生物源杀虫剂的代表品种和使用方法见表5—7。

表5—7 微生物源杀虫剂的代表品种和使用方法

农药名称	急性毒性	作用部位	制剂	防治对象	作用方式	使用方法
苏云金杆菌B.t.	低毒	消化系统	100亿活芽孢/克可湿性粉剂，100亿活芽孢/克悬浮剂	蔬菜菜青虫、甜菜叶蛾、斜纹夜蛾，玉米螟，松毛虫	胃毒	喷雾
多杀霉素	低毒	神经系统	48%悬浮剂	甘蓝小菜蛾，棉花棉铃虫	胃毒、触杀	喷雾
棉铃虫核多角体病毒	低毒	消化系统	10亿PIB/克可湿性粉剂	棉花棉铃虫	胃毒	喷雾
阿维菌素	高毒	神经系统	1.8%乳油	菜青虫、小菜蛾、美洲斑潜蝇、棉铃虫等，根结线虫	胃毒、触杀	喷雾，土壤处理

8. 植物源杀虫剂

（1）植物源杀虫剂作用方式

很多植物体内含有杀虫活性物质，可以用作杀虫剂，如我国古代就开始使用艾蒿叶熏蚊蝇。除直接利用含有杀虫物质的植物的某些部位，如除虫菊花、鱼藤的根粉碎成粉状或用水浸出液作杀虫剂使用外，还可用化学溶剂将植物中的杀虫活性物质提取出来，加工成合适的剂型使用。

常用的植物源杀虫剂有烟碱、鱼藤酮、除虫菊素和印楝等。

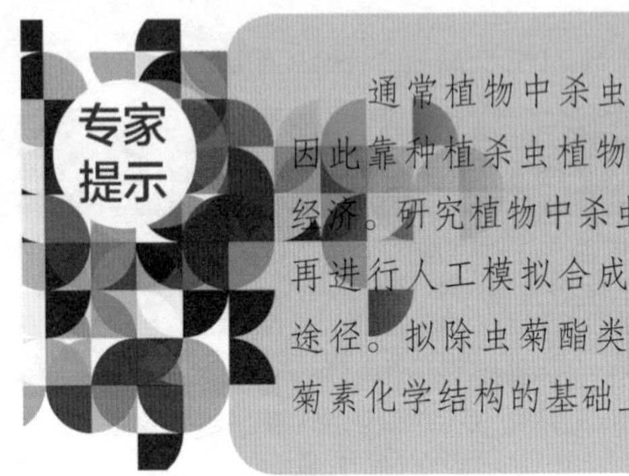

通常植物中杀虫活性物质的含量很少，因此靠种植杀虫植物作为杀虫剂的来源并不经济。研究植物中杀虫活性物质的化学结构，再进行人工模拟合成，是发展杀虫剂的重要途径。拟除虫菊酯类杀虫剂就是在研究除虫菊素化学结构的基础上仿生合成出来的。

（2）植物源杀虫剂的部分品种和使用方法

植物源杀虫剂的部分品种和使用方法见表 5—8。

表 5—8　植物源杀虫剂的部分品种和使用方法

农药名称	急性毒性	作用部位	制剂	防治对象	作用方式	使用方法
印楝素	中等毒	抑制蜕皮	0.3% 乳油	甘蓝小菜蛾	触杀	喷雾
鱼藤酮	中等毒	呼吸系统	7.5% 乳油	叶菜类蚜虫等	触杀	喷雾
烟碱	中等毒	神经系统	10% 乳油	棉花蚜虫	触杀	喷雾

9. 杀螨剂

（1）杀螨剂作用方式

螨类属于蛛形纲，与昆虫纲的害虫在形态上有很大差异，在对农药的敏感性方面也与昆虫纲害虫有所不同。有些农药对螨类特别有效，而对昆虫纲的害虫毒力相对较差或无效，因此，特称为杀螨剂。

有许多杀虫剂兼具杀螨作用，如有机磷杀虫剂中很多品种都具有杀螨作用，杀菌剂硫黄也有很好的杀螨活性，矿物油对害螨也有很好的杀灭作用。

杀螨剂分无机硫杀螨剂和有机合成杀螨剂两大类。无机硫杀螨剂硫黄在杀菌剂部分介绍。有机合成的杀螨剂，一般指防治

蛛形纲中有害螨类的杀虫剂，这类杀虫剂一般是指只杀螨不杀虫或以杀螨为主的药剂，大多对人畜等高等生物具有较高的安全性。

（2）有机合成杀螨剂的部分品种和使用方法

有机合成杀虫螨剂的部分品种和使用方法见表 5—9。

表 5—9　有机合成杀螨剂的部分品种和使用方法

农药名称	急性毒性	制剂	防治对象	作用方式	使用方法
阿维菌素	高毒	1.8% 乳油	棉红蜘蛛，苹果叶螨，柑橘红蜘蛛等	胃毒、触杀	喷雾
双甲脒	低毒	20% 乳油	果树害螨，蔬菜害螨，棉花害螨等	胃毒、触杀	喷雾
唑螨酯	中等毒	5% 悬浮剂，5% 乳油	果树害螨，小菜蛾、二化螟、稻飞虱、桃蚜等害虫，稻瘟病、白粉病、霜霉病等病害	触杀	喷雾
螺螨酯	低毒	240 克 / 升悬浮剂	红蜘蛛、黄蜘蛛、锈壁虱、茶黄螨、朱砂叶螨和二斑叶螨等	触杀	喷雾
苯丁锡	低毒	50% 可湿性粉剂，25% 悬浮剂	柑橘树红蜘蛛、锈壁虱，苹果树红蜘蛛等	触杀	喷雾
哒螨灵	中等毒	20% 可湿性粉剂，15% 乳油	苹果树红蜘蛛	触杀	喷雾
四螨嗪	低毒	20% 可湿性粉剂，20% 悬浮剂	柑橘树叶螨	触杀	喷雾
浏阳霉素	低毒	10% 乳油	棉叶螨，苹果树叶螨，蔬菜叶螨	触杀	喷雾

续表

农药名称	急性毒性	制剂	防治对象	作用方式	使用方法
三氯杀螨醇	低毒	30%乳油	棉花红蜘蛛	触杀	喷雾
多硫化钡	中等毒	70%可溶性粉剂	苹果叶螨等	触杀	喷雾

话题 2　科学选用杀菌剂

从某种意义上讲，杀菌剂的作用就是把病原菌杀死，但在实际防治植物病害时并不都是通过杀死病原菌而达到防治的目的，也可通过抑制致病孢子萌发和菌丝生长而达到防治的目的，还有一些杀菌剂本身对病菌无毒性作用，是通过提高植物的抗病能力而达到防治的目的。由于病原菌和寄主植物具有相似的生化代谢过程，杀菌剂在病原菌和植物之间的选择性较小。因此，在实际应用时，要避免对作物形成药害。杀菌剂对人一般比较安全，很多新研究开发的杀菌剂多为低毒、微毒农药产品。为避免病原菌产生抗药性，使用杀菌剂时应采用轮换用药的原则，不要在一个生长季节里频繁使用一种杀菌剂。

杀菌剂是指能够杀死植物病原微生物或抑制其生长发育，从而防治植物病害的农药。植物病害绝大多数由植物病原真菌引起，少数由植物病原细菌、植物病原病毒引起。因此，杀菌剂可分为杀真菌剂、杀细菌剂、杀病毒剂，在我国统称为杀菌剂。

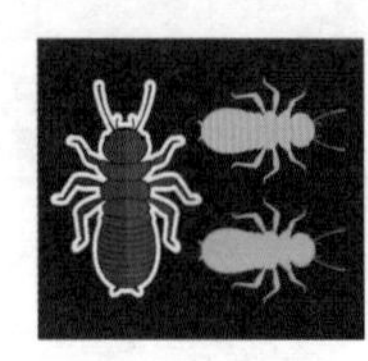

无机硫杀菌剂

● 硫黄及其无机化合物具有杀菌和杀螨作用，是人类使用历史最久的农药。因为它们原料易得、成本低廉、防效稳定、不易诱发抗药性，目前仍在广泛使用。

● 硫黄不溶于水，主要加工成粉剂、悬浮剂、烟剂、可湿性粉剂等剂型，可采用熏蒸、熏烟、喷雾等方法施用。

● 硫黄无机化合物作为杀菌剂使用主要有石硫合剂（石灰硫黄合剂的简称，有效成分为多硫化钙、多硫化钡等）。石硫合剂是以生石灰和硫黄粉为原料加水熬制而成的，使用时可以自制自用，近年来也有工厂化生产固体或晶体石硫合剂等更高效安全的剂型，使用更方便。

● 无机硫杀菌剂在气温高于 30℃时，要适当降低施药浓度和减少施药次数，对硫黄敏感的作物（如瓜类、豆类、苹果、桃等）最好不要使用。

硫黄及其主要无机化合物作为杀菌剂使用的代表品种和方法见表 5—10。

表 5—10　无机硫杀菌剂的代表品种和使用方法

农药名称	急性毒性	制剂	防治对象	作用方式	使用方法
硫黄	低毒	5% 粉剂，18% 烟剂，50% 悬浮剂	小麦、黄瓜、橡胶、花卉等多种作物的白粉病、锈病等	保护、熏蒸	电热熏蒸，喷粉法，熏烟法，喷雾
石硫合剂	低毒	45% 可溶性粉剂，45% 石硫合剂结晶，29% 水剂	麦类白粉病、苹果树叶螨、柑橘树螨、介壳虫、茶树叶螨	保护、熏蒸	喷雾

有机硫杀菌剂

有机硫杀菌剂中比较重要的品种主要有代森系列和福美系列杀菌剂，如代森锰锌、代森锌、福美双、炭疽福美（福美双和福美锌的混合物）等，均属于二硫代氨基甲酸盐类。

这类杀菌剂的共性是比较容易分解，特别是在潮湿环境和酸性条件下，一般具有杀菌谱广、防效好、毒性低、药害风险小等特点。

这类杀菌剂不容易诱发病原菌的抗药性，与比较容易诱发抗药性的内吸杀菌剂混配使用往往能够延缓或消除后者的抗药性风险，所以有机硫杀菌剂常与内吸杀菌剂混配使用，如生产中广泛使用的克露、多福悬浮剂等药剂中均含有有机硫杀菌剂成分。

有机硫杀菌剂的主要品种和使用方法见表 5—11。

表 5—11　有机硫杀菌剂的主要品种和使用方法

农药名称	急性毒性	制剂	防治对象	作用方式	使用方法
代森锰锌	低毒	80% 可湿性粉剂，30% 悬浮剂	番茄晚疫病、苹果树斑点落叶病等	保护	喷雾
代森锌	低毒	80% 可湿性粉剂，65% 可湿性粉剂	炭疽病、花生叶斑病等	保护	喷雾
代森铵	低毒	45% 水剂	水稻白叶枯病、纹枯病、黄瓜霜霉病等	保护、治疗	喷雾
福美双	中等毒	50% 可湿性粉剂	水稻稻瘟病、胡麻叶斑病、小麦白粉病、赤霉病等，烟草、甜菜根腐病	保护	拌种，喷雾，土壤处理
福美胂	中等毒	40% 可湿性粉剂 10% 涂抹剂	小麦、豌豆、黄瓜等作物的白粉病，苹果树腐烂病等	保护	喷雾，涂抹病疤
炭疽福美	中等毒	80% 可湿性粉剂	棉花苗期病害，黄瓜、西瓜、苹果树炭疽病等	保护	浸种，拌种，喷雾

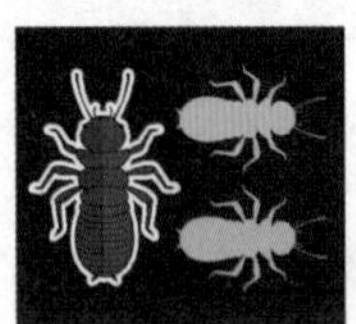

有机磷杀菌剂

有机磷杀菌剂的主要品种有稻瘟净和异稻瘟净、三乙磷酸铝等，稻瘟净和异稻瘟净主要用于防治水稻稻瘟病，具有保护作用和一定的治疗作用，还能兼治其他一些病害和叶蝉、飞虱等虫害。稻瘟净具有内渗作用，异稻瘟净具有内吸作用。

该类的三乙磷酸铝经植物叶片或根部吸收后，具有向顶性与向基性双向内吸输导作用，更具有保护与治疗作用，采用多种方法施药，可防治多种植物的霜霉病等。

有机磷杀菌剂的主要品种和使用方法见表 5—12。

表 5—12 有机磷杀菌剂的主要品种和使用方法

农药名称	急性毒性	制剂	防治对象	作用方式	使用方法
稻瘟净	中等毒	40% 乳油	水稻稻瘟病	保护、治疗、内渗	喷雾
异稻瘟净	低毒	50% 乳油	水稻稻瘟病	内吸	喷雾
乙膦铝	低毒	80% 可湿性粉剂，90% 可溶性粉剂	叶菜、果菜霜霉病等，棉花疫病，番茄晚疫病	内吸、治疗、保护	喷雾，土壤浇灌，浸秧，涂抹
甲基立枯磷	低毒	20% 乳油	棉花苗期病害	保护、治疗	拌种

取代苯杀菌剂

取代苯杀菌剂是指有效成分中含有苯环结构的杀菌剂，如甲霜灵（即瑞毒霉）、邻酰胺、敌磺钠（即敌克松）、乙烯菌核利等都是以苯胺为原料合成的杀菌剂。

硫菌灵和甲基硫菌灵从化学结构上是取代苯类杀菌剂，但从毒理学上讲它们实际上是在植物体内转化成苯并咪唑类杀菌物质而发挥作用，故药剂特点、防治对象、使用方式与多菌灵相同。

●甲霜灵具有高效、持效期长的特点，具有双向内吸作用，兼有保护和治疗作用，可防治一些作物的霜霉病、疫病及谷子白发病等病害。

●百菌清是一类非常重要的保护性杀菌剂，可防治多种植物病害。

取代苯类杀菌剂的主要品种和使用方法见表5—13。

表5—13 取代苯类杀菌剂的主要品种和使用方法

农药名称	急性毒性	制剂	防治对象	作用方式	使用方法
百菌清	低毒	75%可湿性粉剂，40%悬浮剂，10%烟剂，5%粉尘剂，10%油雾剂	瓜类及叶菜类蔬菜霜霉病、白粉病，葡萄白粉病、霜霉病，梨树斑点落叶病等多种病害	保护	喷雾，熏烟，粉尘，超低量喷雾或放烟
甲霜灵	低毒	25%可湿性粉剂，35%拌种剂	黄瓜霜霉病，谷子白发病	内吸、保护	喷雾，拌种
敌克松	中等毒	75%、50%可溶性粉剂，55%膏剂	多种作物的立枯病，黄瓜、西瓜枯萎病，烟草黑胫病，棉花苗期病害，小麦黑穗病	治疗、内渗	喷雾，拌土施，穴浇灌，拌种，灌根
五氯硝基苯	低毒	40%粉剂	小麦黑穗病，棉花苗期病害，茄子猝倒病	保护、治疗	拌种，土壤消毒

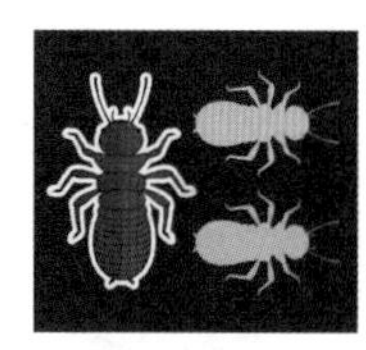

三唑类杀菌剂

三唑类杀菌剂是20世纪70年代问世的一类高效杀菌剂，其作用机理是抑制病原菌麦角甾醇的生物合成，目前在国内开发和推广使用的品种近20个，如三唑酮、三环唑、戊唑醇、苯醚甲环唑等都有大面积应用，并且还有大量以三唑类为主的复配混剂。三唑类杀菌剂的共有特点如下：

- 广谱。

- 高效。由于药效高，用药量减少，仅为福美类和代森类杀菌剂用量的1/10 ~ 1/5，麦类拌种用药量（有效成分）从每100千克种子用药100克降到30克，叶面喷施用药量减少到6 ~ 10克，从而用药成本、药剂残留等均有所下降。

- 持效期长。一般叶面喷雾的持效期为15 ~ 20天，种子处理为80天左右，土壤处理可达100天，均比一般杀菌剂的持效期长，且持效期随用药量的增加而延长。

- 内吸输导性好、吸收速度快。一般施药2小时后三唑酮被吸收的量已能抑制白粉菌的生长。作物叶片局部吸收三唑酮后能传送到叶片的其他部位，但不能传送到另一叶片，因而茎叶喷雾作业时应均匀周到。作物根吸收三唑酮能力强，并能向上输导至地上部分，因而可用种子处理的方式施药。

- 有生长调节作用。三唑类杀菌剂对植物都有生长调节作用，浓度控制得当，可以显著刺激作物生长；如果浓度过大（如小麦用三唑酮高浓度拌种），也可能造成药害。

三唑类杀菌剂的主要品种和使用方法见表5—14。

表 5—14 三唑类杀菌剂的主要品种和使用方法

农药名称	急性毒性	制剂	防治对象	作用方式	使用方法
三唑酮	低毒	25%可湿性粉剂，15%乳油，15%烟雾剂	小麦白粉病、锈病，玉米丝黑穗病，橡胶白粉病等	内吸、预防、治疗、铲除和熏蒸	喷雾，拌种，热烟雾
三唑醇	低毒	15%可湿性粉剂，1.5%种衣剂，5%干拌种粉剂	小麦纹枯病、锈病，玉米丝黑穗病，小麦散黑穗病	内吸、保护、铲除和治疗	拌种，种子包衣
烯唑醇	低毒	12.5%可湿性粉剂，5%拌种剂，25%乳油，5%徽乳剂	小麦白粉病、锈病，玉米丝黑穗病，梨黑星病	内吸、保护、铲除和治疗	喷雾，拌种
戊唑醇	低毒	2%干拌剂，2%湿拌种剂，5%悬浮拌种剂，2%悬浮种衣剂，25%乳油，25%水乳剂，43%悬浮剂	小麦腥黑穗病、散黑穗病，小麦白粉病、锈病，小麦纹枯病，玉米丝黑穗病	内吸、保护、铲除和治疗	喷雾，拌种，种子包衣
苯醚甲环唑	低毒	10%水分散粒剂，3%悬浮种衣剂，25%乳油	梨黑星病，苹果斑点落叶病，葡萄炭疽病、黑痘病，小麦散黑穗病，小麦全蚀病、白粉病，棉花立枯病	内吸、保护和治疗	喷雾，种子包衣
氟硅唑	低毒	40%乳油	梨黑星病，苹果轮纹病，小麦锈病、白粉病、颖枯病，大麦叶斑病	内吸、保护和治疗	喷雾

续表

农药名称	急性毒性	制剂	防治对象	作用方式	使用方法
丙环唑	低毒	25%乳油	小麦白粉病、条锈病、颖枯病，大麦叶锈病、网斑病，燕麦冠锈病，水稻纹枯病，葡萄白粉病、炭疽病，香蕉叶斑病	内吸、保护和治疗	喷雾
三环唑	低毒	75%可湿性粉剂	水稻稻瘟病	内吸、保护和治疗	喷雾
粉唑醇	低毒	12.5%乳油	麦类黑穗病，麦类白粉病，麦类锈病，玉米丝黑穗病	内吸	喷雾

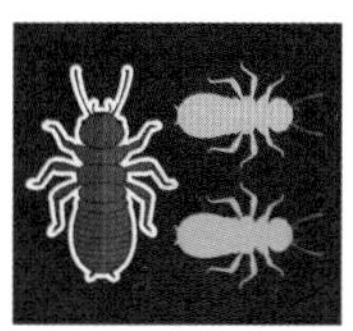

农用抗生素

抗生素是微生物产生的物质，一般由微生物代谢产物中分离得到，有的也可人工合成。农用抗生素的化学成分都是经过严格分析鉴定的，实际上也正是这些化学物质具有杀菌活性，只是这些化学物质的来源是微生物代谢产物。

抗生素类杀菌剂一般具有化学性质稳定、高效，有内吸治疗活性，防治对象有一定的选择性，持效期短，对植物、人、畜、环境均比较安全等特点。其中的井冈霉素已发展成为最主要的农用抗生素品种，主要用于防治水稻纹枯病。此外，公主岭霉素、多抗霉素（即多氧霉素）、春雷霉素（即春日霉素）等在生产中都有广泛的应用。

●抗生素类杀菌剂的专用性比较强，适用的防治对象范围较窄，比较容易产生抗药性，而井冈霉素则基本没有抗药性问题。

农用抗生素类杀菌剂的主要品种和使用方法见表 5—15。

表 5—15　农用抗生素类杀菌剂的主要品种和使用方法

农药名称	急性毒性	制剂	防治对象	作用方式	使用方法
农用链霉素	低毒	72% 可溶性粉剂	白菜软腐病，水稻白叶枯病，柑橘树溃疡病等	保护，治疗	喷雾
井冈霉素	低毒	20% 水溶性粉剂，10% 水剂	水稻纹枯病、麦类纹枯病	内吸、治疗	喷雾，拌种，泼浇
春雷霉素	低毒	6% 可溶性粉剂，4% 可湿性粉剂	水稻稻瘟病，黄瓜角斑病，番茄叶霉病	内吸	喷雾
多抗霉素	低毒	10% 可湿性粉剂，3% 可溶性粉剂	苹果树斑点落叶病，黄瓜灰霉病，番茄叶霉病	内吸	喷雾
抗霉菌素 120	低毒	4% 水剂	瓜类、花卉、烟草、葡萄等作物的白粉病，西瓜枯萎病，小麦锈病等	保护、治疗	喷雾，灌根
武夷菌素	低毒	1% 水剂	黄瓜白粉病，番茄叶霉病，黄瓜黑星病	保护、治疗	喷雾

含铜杀菌剂

- 含铜杀菌剂的杀菌谱很广，几乎对各种病原菌都有效。

- 铜的多种盐类、氧化铜、氢氧化铜等都是很好的杀菌剂，如硫酸铜、碱式硫酸铜、氧化亚铜等。有机酸铜能够提高铜的杀菌毒力和药效，即可以降低铜的用量，如琥胶肥酸铜、环烷酸铜等。有机酸铜比较安全。

含铜杀菌剂的主要品种和使用方法见表5—16。

表5—16 含铜杀菌剂的主要品种和使用方法

农药名称	急性毒性	制剂	防治对象	作用方式	使用方法
氢氧化铜	低毒	77%可湿性粉剂，53.8%悬浮剂	黄瓜角斑病、柑橘树溃疡病	保护	喷雾
氧化亚铜	低毒	56%水分散粒剂	番茄早疫病，黄瓜霜霉病，花生叶斑病等	保护	喷雾
碱式硫酸铜	低毒	35%悬浮剂，80%可湿性粉剂	梨树黑星病	保护，治疗	喷雾
络氨铜	低毒	25%水剂，14.5%水溶性粉剂	柑橘溃疡病、疮痂病，西瓜枯萎病等	保护，治疗	喷雾，浇灌
琥胶肥酸铜	低毒	50%可湿性粉剂，30%悬浮剂，5%粉剂	柑橘树溃疡病，黄瓜角斑病	保护，治疗	喷雾，粉尘法

甲氧基丙烯酸酯类杀菌剂

甲氧基丙烯酸酯类杀菌剂是一类低毒、高效、广谱、内吸性杀菌剂，几乎对所有真菌病害（如白粉病、锈病、颖枯病、霜霉病、稻瘟病等）均有良好的杀菌活性。

与农业生产中使用的其他类型杀菌剂没有交互抗性，而且能在植物体内、土壤和水中很快降解，具有保护、治疗、铲除、渗透作用，无致癌和致突变等副作用，是一类极具发展潜力和市场活力的新型农用杀菌剂。

甲氧基丙烯酸酯类杀菌剂是目前世界上杀菌剂的研究开发热点，已经有 7 个化合物品种商品化，仍有很多化合物处于研究开发之中。

甲氧基丙烯酸酯类杀菌剂的代表品种和使用方法见表 5—17。

表 5—17　甲氧基丙烯酸酯类杀菌剂的代表品种和使用方法

农药名称	急性毒性	制剂	防治对象	作用方式	使用方法
嘧菌酯	低毒	25% 嘧菌酯悬浮剂	番茄早疫病、黄瓜霜霉病、辣椒炭疽病、葡萄霜霉病、香蕉叶斑病等	保护、铲除、渗透、内吸	喷雾，种子处理，土壤处理
醚菌酯	低毒	50% 醚菌酯干悬浮剂	黄瓜白粉病、苹果树黑星病等	保护、治疗、铲除	喷雾

话题3　科学选用种衣剂

导读

“白露早，寒露迟，秋分种麦正当时。”这句农谚曾是中国北方农民千百年来生产活动的座右铭。但随着全球气候变暖，我国北半球气候带北移，如今北方冬小麦的播种时间已变成了“寒露种麦正当时”。

当前，小麦播种前进行药剂处理已成为各地普遍推行的一项技术，而2016年的一则颇受关注的小麦种衣剂因药害风险紧急召回的新闻，再次把小麦种衣剂如何安全使用、如何规避风险的问题摆到了小麦种植者面前。针对此次事件，笔者简要分析一下种子处理技术以及种衣剂使用中如何规避药害风险。

农药利用率最高的施药方法之一

1. 为什么要对种子进行处理

种子往往带有真菌、细菌、病毒、线虫等有害生物，在播种以后引起作物苗期的立枯病、猝倒病、根结线虫病等；另外，种子播种后也会遭到蛴螬、蝼蛄、金针虫等地下害虫的危害。因此，为植物全程健康考虑，需要对种子进行处理，例如，用药剂拌种、浸种、包衣，或者对种子进行各种物理或生物措施处理，都属于种子处理方法。种子处理的主要特点是经济、省药、省工、农药利用率高、操作比较安全，用少量药剂处理种子，使种子表面带药播种，防止种子受害；有些内吸性强的药剂则能进入植株体内并在幼苗出土后仍保持较长时间的药效。

2. 汉代有关于种子处理的记载

种子处理在我国具有非常悠久的历史，早在汉代就有关于谷物药剂拌种和浸种处理的记载，是世界上最早记录进行种子药剂处理的国家。我国明末清初著名的科学家宋应星在其所著《天工开物》中就有砒霜处理种子的记载，“烧砒……，晋地菽麦必用拌种，……则丰收也”。可见，我们的先民早就知道采用种子处理技术取得农业丰收。

3. 现代种子处理技术的发展

● 随着科学技术的进步，种子处理方法不断发展，现代意义上的种子处理技术已经完全不同于传统的播种前的药剂拌种、浸种或闷种，而是有针对性地在种子生产和加工过程中采用专用的种子处理剂对种子进行拌药、包衣或制丸等，使种子标准化和商品化。种子处理已经发展成为现代农业丰产丰收不可缺少的重要技术手段，在一定程度上直接反映了一个国家种子研究的现代化水平。

● 广义上讲，种子处理贯穿于从选种、制种、储存、销售到使用的全过程，通过种子处理可以有效控制有害生物（病、虫、鼠等）在种子萌发和幼苗生长期间的危害，促进种子萌发和幼苗生长，提高种苗活力和抗逆性，达到增产的目的。

我国目前发现的种传病害已达1 000种以上，致病病原包括细菌、真菌、病毒和线虫等。这些病原物可在种子上寄生、繁殖并随种子传播，有的引起种子发病，有的侵染幼苗或植株。可以对种苗造成严重危害的地下害虫有60余种，其中蛴螬、蝼蛄、地老虎、金针虫和根蛆的危害最为严重。这些害虫食性杂、分布广，不仅危害种子、根等地下部分，而且还危害靠近地面的嫩茎。种传病害和地下害虫的共同特点是潜伏危害，不易及时发现；危害期长，防治困难。因此，药剂处理逐渐发展成为种子处理的重要技术。

第二次世界大战末期，美国发明了商业拌种机和各种系列的种子处理设备，使种子的药剂处理进入工业化时代。之后，随着农药工业的蓬勃发展，用于种子处理的专用药剂不断问世，种子的药剂处理技术逐渐完善，从而在西方发达国家迅速普及。目前，我国种子的药剂处理技术还比较落后，由于受经济技术水平所限，多数地区仍然沿用传统的人工拌种或浸种方法，药剂处理质量差并由此带来许多不安全因素。体现种子药剂处理技术水平的种子包衣技术在我国研发比较晚，而且药剂成膜的关键技术问题尚未解决，所以我国种子标准化、商品化的发展潜力还很大。我们还必须看到，现代种子处理技术已经完全不同于传统的处理方法，是利用专用的现代种子处理设备、配合专用的药剂或材料、按照程序化的步骤进行的，更加体现了多学科理论与技术在种子处理中的综合应用。

4. 种子的药剂处理是农药施药方法之一

药剂处理是根据作物种类和各地有害生物（病、虫、鼠等）发生及危害状况，选择适当的农药种类和用量，在种子加工过程中或临近播种前对种子进行拌种、浸种或包衣处理的一项种子处理技术，主要目的是有效控制上述有害生物在种子萌发和幼苗生长期间的危害，保证苗齐和增产。

种子的药剂处理决不仅仅是一个简单的药种混合或机械加工过程，它是农药利用率最高的农药施药方法之一。一方面，集中对种子施药，使药剂得到最大限度的利用，减少了药剂的浪费和对环境的污染；另一方面，也正是由于药剂集中在种子周围，又值种子萌动发芽这个对药剂相当敏感的生育期，必须严格控制药剂可能对种子造成的危害。

种子包衣与拌种大不同

1. 包衣技术是实现种子加工现代化和质量标准化的重要措施

种子的药剂处理技术在西方发达国家迅速普及。种子包衣技术是世界上许多国家实现种子加工现代化和种子质量标准化的重要措施。我国目前已在玉米、棉花、水稻、蔬菜、大豆、花生等多种作物上得到广泛应用，取得了显著的经济、社会和生态效益。但种子包衣技术毕竟不同于传统的其他种子处理技术，是一个涉及多学科、多因子的复杂的系列化过程，对种子、药剂、设备、加工等均有不同要求。

2. 种子拌种与包衣的区别

受传统习惯影响，人们往往将种子包衣和种子拌种相混淆。

种子包衣必须使用专用的农药剂型，即用种衣剂对种子进行包衣加工。种衣剂是由农药原药、肥料、生长调节剂、成膜剂及配套助剂等经特定加工工艺制成，直接或稀释后可包覆于种子表面形成具有一定强度和通透性的保护膜的农药剂型。除农药制剂的一般要求外，符合质量标准的种衣剂必须具有快速固化成膜、脱落率低、均匀度高、低黏度等特殊技术性能。

而传统的种子药剂拌种则完全不同，药剂拌种不需要专门药剂，常规乳油、可湿性粉剂、悬浮剂等兑水稀释后均可用于拌种，而且，与上述种衣剂四项特殊技术性能相比，药剂拌种不要求成膜，对药剂脱落率没有特殊要求，其强调的是对种子表面进行处理，类似于种子表面消毒。

在现代农业植保措施中，种子药剂拌种正在逐渐被种子包衣所取代。

种子包衣的优点

1. 靶向性强

种子是植物生长发育的开始，是植物生长发育过程中最早遭受病虫害等有害生物危害的阶段，种子本身和播种的土壤往往带有病菌，在播种以后引起种子和幼苗发病。因此，为植物全程健康考虑，对种子进行药剂处理是非常好的一项农事措施。

种子包衣是一项靶向性非常强的施药措施，在包衣操作过程中，施药的对象为种子表面，也仅仅限于要处理的种子表面。

包衣种子在表面有一层药膜，播种在土壤中后，表面药膜中的药剂会逐渐向土壤扩散，在种子周围形成保护区或保护带，而且很多种子处理用的活性成分具有一定的内吸性，能进入种子或幼苗的内部，因而种子处理往往能对种子和部分幼苗提供由里到外的保护。

2. 经济

相比较而言，一公顷土地上进行喷雾处理需要施药的面积在10 000平方米以上，而一公顷土地播种种子的表面积平均大约是60平方米。而施药处理完成后，喷雾处理药剂在作物表面的沉积率仅约30%，而按照要求，包衣后90%以上的药剂均包覆在种子表面。

3. 环保、对操作者安全

种子包衣既适于工业化大生产，也适于家庭小规模包衣。无论是工业化大规模生产还是家庭手工包衣，其操作环境都是可控的，可以避免天气影响，在操作过程中无药剂漂移，并可最大限度地减少药剂与人体的直接接触，因而相对安全。

4. 环境相容性好，对天敌安全

- 包衣种子播种后埋于地表下，属于隐蔽施药，昆虫天敌与包衣药剂接触的机会较少，因而大大减少了药剂暴露对昆虫天敌的危害风险。

- 此外，由于包衣药剂有成膜的作用，药剂存在于种子表面和种子周围的土壤中，大大降低了药剂污染风险。

5. 种子包衣技术可有效防治系统性侵染病害

对于早期侵染、后期发病的系统性侵染病害必须采用种子包衣方式防治，以玉米丝黑穗病最为典型。玉米从种子萌发到5叶期均可侵染发病，但最适宜的时期是种子萌发期，而在抽穗后才表现明显的黑穗症状。如果在出现黑穗症状以后再进行药剂防治会为时过晚，难以达到理想的防治效果，而采用种子包衣则更加切实可行。

6. 高效省工

手工包衣时，一亩地所需的种子在数分钟内即可完成包衣，而生产企业大规模包衣时每小时处理的种子则数以吨计，因而在工作效率上大大高于喷雾施药等传统施药方式。

种子包衣的缺点

采用种子包衣技术也存在以下两个显著缺点。

1. 对作物生长中后期病虫害防治效果差

种子包衣对作物生长中后期病虫害防治效果差，原因在于中后期发生的病虫害发生时期离播种时期相对较长，药剂在环境中发生自然分解，再者作物生长中后期的生物量太大，使得分布在作物体内的有效成分浓度相对较低，被作物本身生物稀释。

但这一缺点随着高活性长持效期药剂的发展问世得到一定程度的解决。吡虫啉种衣剂小麦包衣防治穗期蚜虫就是典型例子。笔者 2011 年 10 月在河南新乡用 600 克 / 升吡虫啉悬浮种衣剂按药种比 1∶200、1∶300、1∶400 对小麦种子包衣，播种，2012 年 5 月中旬小麦穗期蚜虫发生盛期进行虫口密度调查，发现在 1∶200 药种比条件下，每个麦穗上的蚜虫仅 2 ~ 4 头，而对照处理区则每个麦穗上的蚜虫则达到 130 ~ 140 头。通过种子包衣来防治小麦穗期蚜虫，可以说是小麦穗期蚜虫防治的根本性变革，在农村劳动力缺乏和劳动力成本不断上升的今天，这一措施受到农民的普遍欢迎。吡虫啉种衣剂在小麦种植上的成功应用对现在种衣剂市场的蓬勃发展起到了很好的推动作用。

2. 种子包衣易产生药害

● 种子在萌发阶段对外界环境的影响是很敏感的。种衣剂往往不经稀释直接使用或低倍数稀释后再使用，包覆在种子表面的活性成分、助剂以及杂质等会对种子和刚萌发的幼苗产生胁迫作用，从而产生药害。

● 在农业生产中，广泛使用且容易产生药害的是三唑类杀菌剂，其在小麦、玉米和花生上都产生过药害。

严格掌握用药量是避免产生药害的关键

1. 种衣剂的组成

种衣剂一般由农药原药、溶剂、助剂、成膜剂等组成。种衣剂造成种子药害的来源主要表现在三个方面：一是农药原药，二是种衣剂配制中使用的有机溶剂，三是表面活性剂。

2. 种衣剂配制有严格要求

一般来说，农药原药的有效成分本身是药害的最重要来源，例如，小麦种衣剂中常用的戊唑醇、三唑酮、苯醚甲环唑等三唑类杀菌剂。这些三唑类杀菌剂除了具有良好的杀菌活性外，药剂本身还有植物生长调节活性，即在低剂量条件下促进植物生长，高剂量条件下则显著抑制植物生长，所以种衣剂配制中对农药有效成分含量及使用时药种比均有严格要求。比如，采用含戊唑醇的种衣剂包衣小麦种子，一般推荐每 100 千克小麦种子用 3~4 克戊唑醇，一旦戊唑醇有效成分用量超过 12 克，则显著抑制小麦种子萌发和幼苗生长。

3. 过量使用会产生药害

如果企业生产中加入过量的戊唑醇，或者种植户在包衣时药种比有误，过量使用了种衣剂，都将造成严重药害事故。其他药剂如三唑酮、已唑醇等在配制使用时都存在类似问题。有些种衣剂在配制时还会用到二甲亚砜、二甲苯等有机溶剂，当这些有机溶剂超过一定浓度时，也对种子萌发有抑制作用。所以，种衣剂配方研制是项科学性很强的科研工作，种衣剂加工生产也是规范化要求严格的作业过程，种衣剂使用中更是精准计量施药的科学过程。

4. 购买“三证”齐全的种衣剂

种衣剂药害风险因素很多，除了种衣剂本身因素外，作物品种、低温天气、土壤情况、播种深度等都与播种后出苗差有关，在此笔者不展开分析，只想提醒广大小麦种植户在选择使用小麦种衣剂时，首先要做到购买正规企业生产的、“三证”号（农药登记证号、执行标准证号和生产批准证号）齐全的种衣剂，并且一定要保留购买发票，一旦遇到药效不好或者出现药害事故，可以凭购买发票向当地工商局、农业局或者消费者协会进行维权举报；其次要认真阅读所购买种衣剂的说明书，严格按照产品说明书推荐的使用剂量和使用方法，不得随意加大用量，做到科学合理使用，就可收到良好效果。

案例

小麦种衣剂召回

2016年9月29日，农业部种植业管理司下发《关于做好“不合格”种衣剂处置工作的紧急通知》。通知指出河南安阳市红旗药业有限公司生产的11%戊唑·吡虫啉悬浮种衣剂（商标为“巧伴”），可能造成小麦发芽和出苗药害，请广大小麦种植户立即停止购买和使用，经销商立即停止销售和收回该产品。据介绍，该制剂会导致小麦出苗率不足80%甚至更低（约40%~60%）。随后，山东省农业厅、河南省农业厅、江苏省农业厅等纷纷发文要求尽快召回已经销售的“不合格”小麦种衣剂。生产企业在紧急声明中提醒到，按该产品的使用说明进行种子处理，很有可能对小麦的发芽和出苗产生重大的药害，表现在发芽率严重降低和发芽迟缓的现象。

点评

对此次事件的处理，一方面反映出我国各级农业部门面临突发事件时应急处理工作得力，另一方面也反映出种子包衣科学使用的重要性。

话题4 科学选用除草剂

“锄禾日当午，汗滴禾下土”说的是农民辛苦劳作防除农田杂草的场面。随着科学的发展，科学家研究开发出各种各样的除草剂，人们已经不需要再“面朝黄土背朝天”地锄草了。但农田的杂草和庄稼都属于绿色植物，很多杂草和庄稼亲缘关系非常近，如北方小麦田近年来遭受严重的野燕麦、雀麦等草害。因此，除草剂的选择就显得非常重要，本话题简要介绍我国主要除草剂种类及其使用方法，供农户参考。因不同地区气候、土壤、作物品种等有差异，具体到某一地区农田的杂草防除技术，还请农户向当地农业技术部门咨询。

杂草与农田的庄稼都属于绿色植物，能杀死绿色杂草的除草剂，也能杀死绿色的农作物。科学家经过大量科学研究，利用位差与时差选择性、形态选择性、生理选择性和生物化学选择性等开发出除草剂，但这些除草剂品种只能在农药登记证的登记范围内使用，若使用不当，就会对敏感作物产生药害。

笔者经常接到全国各地的电话咨询，很多与除草剂药害有关，例如，河南某地农户把灭生性除草剂喷洒到麦田，造成小麦死亡；北京某西瓜种植户的邻居在大葱田喷洒除草剂导致西瓜发生药害。本话题简要介绍如何避免除草剂的药害，希望读者借鉴，更详细的技术问题还需向当地农业技术部门咨询。

用以消灭或控制杂草生长的农药称为除草剂，也称为除莠剂。除草剂使用范围包括农田、苗圃、林地、森林防火道、草原、草坪、花圃、非耕地、铁路和公路沿线、仓库和机场周围环境的杂草、灌木等有害植物，以及河道、池塘、湖泊、水库等水域的水生杂草等。除草剂可按作用方式、施药部位、化合物来源等进行分类。

除草剂的主要种类

1. 按作用方式分类

灭生性（非选择性）除草剂 灭生性除草剂是一类在正常用量下对作物和杂草无选择地全部杀死的除草剂，如百草枯、草甘膦等。

选择性除草剂 选择性除草剂是一类只杀死杂草而不伤害作物，甚至可以只杀死某一种或某一类杂草的除草剂。这类除草剂又可分为能防除单子叶杂草、对双子叶作物安全的单子叶除草剂（如稀禾定、喹禾灵等）和能防除双子叶杂草、对单子叶植物安全的双子叶除草剂（如麦草畏等）。

2. 按施药部位分类

● 茎叶处理剂　茎叶处理剂是可直接喷洒于杂草植株上，抑制杂草生长或杀死杂草的除草剂（如敌稗、灭草松等）。一般在作物生育期或某生长阶段，或非耕地杂草出苗后使用。

● 土壤处理剂　作物播种前或播后苗前施于土表或混入土壤中（如野麦威等），作物苗后施于土表，抑制杂草生长或杀死正在萌发的杂草（如利谷隆等）。

● 茎叶兼土壤处理剂　既可用于作物芽前的土壤处理，抑制杂草生长或杀死刚萌动的杂草，也可在作物生长期进行茎叶处理（如氟磺胺草醚、阿特拉津等）。

● 水面（中）施用的除草剂　如醌萍胺、草甘膦等。

3. 按化合物的来源分类

● 无机除草剂　如叠氮化钠、硫酸铜等无机化合物，此类化合物选择性差，用量大，杀草谱窄，目前已很少使用。

● 生物源除草剂　用天然的化学分子作为新型化学除草剂的化学基础，植物、真菌和细菌可产生多种有杀草活性的化合物，如微生物除草剂或微生物代谢物除草剂，品种有草霉素、苯磺酮、双丙氨磷等。

● 有机合成除草剂　此类除草剂发展最快，是种类最多的农药，使用范围广。

各类除草剂的代表品种和作用方式

1. 苯氧羧酸类除草剂

苯氧羧酸类除草剂是出现最早的一类人工合成除草剂，在20世纪40年代就发现了2，4–D的强大生理活性后，随即成功开发了第一个内吸性除草剂及其钠盐，后来又陆续开发了2，4–D丁酯，二甲四氯等一系列衍生物，成为一大类除草剂。因为都是以苯氧基羧酸为基本分子，所以统称为苯氧羧酸类除草剂。

其他如禾草灵、喹禾灵等也是从苯氧羧酸基本分子衍生而得到的新品种，其中部分代表品种及其使用方法见表5—18。

表5—18　常用苯氧羧酸类除草剂的部分代表品种及使用方法

除草剂名称	制剂	适用作物	防除对象	作用方式	毒性	使用方法
2，4–D丁酯	72%乳油	小麦、谷子双子叶杂草等，玉米双子叶杂草，水稻双子叶杂草等	阔叶杂草	内吸	低毒	喷雾
2甲4氯钠盐	56%水剂，13%水剂	麦类、水稻、玉米、谷子、高粱、马铃薯、亚麻	莎草科杂草	内吸	低毒	喷雾
禾草灵	28%乳油，36%乳油	麦类、甜菜、油菜、大豆、亚麻	野燕麦、稗、马唐等一年生禾本科杂草	内吸	低毒	喷雾

续表

除草剂名称	制剂	适用作物	防除对象	作用方式	毒性	使用方法
精恶唑禾草灵（骠马）	10% 乳油，6.9% 水乳剂	麦类	看麦娘、野燕麦等一年生禾本科杂草	内吸	低毒	喷雾
吡氟禾草灵（稳杀得）	35% 乳油	豆类、花生、油菜、蔬菜、果树等双子叶作物	稗、马唐等禾本科杂草	内吸	低毒	喷雾
喹禾灵（禾草克）	10% 乳油	豆类、棉花、甜菜、烟草、果树等双子叶作物	稗、马唐等禾本科一年生、多年生杂草	内吸	低毒	喷雾
精喹禾灵（精禾草克）	5% 乳油	夏大豆、棉花	一年生杂草	内吸	低毒	喷雾

2. 磺酰脲类除草剂

磺酰脲类除草剂是指具有磺酰脲分子结构的一类除草剂，是 20 世纪 70 年代研究开发的超高效除草剂，目前仍是除草剂开发最活跃的领域，其中常用苯氧羧酸类除草剂的有许多超高效类型的除草剂品种，每公顷仅需施药 1~2 克。

此类除草剂已有十多个品种，如甲磺隆、氯磺隆、苄嘧磺隆等，此类除草剂的通用名称均以“磺隆”作为后缀，是通过植物的根和叶被吸收，药效缓慢，主要通过抑制乙酰乳酸合成酶（ALS）的活性来抑制植物生长。

●不同植物对磺酰脲类除草剂的敏感性差异很大，更由于磺酰脲类除草剂的长残效性，在使用时必须注意对后茬作物的保护。磺酰脲类除草剂多为固体结晶，可加工成可湿性粉剂、浓悬浮剂、干悬浮剂等。常用的磺酰脲类除草剂品种及使用方法见表5—19。

表5—19 常用磺酰脲类除草剂品种及使用方法

除草剂名称	制剂	适用作物	防除对象	作用方式	毒性	使用方法
嘧磺隆	10%可溶性粉剂，10%悬浮剂	针叶林苗圃、林地放火隔离带、非耕地、苹果园	杂草及灌木	触杀、内渗	低毒	喷雾
乙氧嘧磺隆（太阳星）	15%水分散粒剂	水稻田	阔叶杂草、莎草、稗草	内吸	低毒	喷雾
吡嘧磺隆	10%、32%可湿性粉剂，0.02%颗粒剂	水稻田	阔叶杂草、莎草	根系吸收	低毒	喷雾，毒土法
苄嘧磺隆（农得时）	10%、30%、32%可湿性粉剂	水稻田（移栽田）	阔叶杂草、莎草	内吸(茎叶、根系)，在水中能迅速扩散	低毒	毒土法
氯嘧磺隆	32%可湿性粉剂，10%可湿性粉剂，20%可溶粉剂	大豆	阔叶杂草、豚草	根、芽吸收，上下传导	低毒	播后苗前土壤处理，或茎叶喷雾

续表

除草剂名称	制剂	适用作物	防除对象	作用方式	毒性	使用方法
氯磺隆	25% 可溶性粉剂，10% 可湿性粉剂	麦类作物、亚麻	一年生单、双子叶杂草	内吸	低毒	喷雾
甲磺隆	20% 可溶性粉剂，10% 可湿性粉剂	麦类作物	一年生单、双子叶阔叶杂草	内吸	低毒	喷雾
苯磺隆	10% 可溶，粉剂，20% 可溶粉剂	麦类作物	阔叶杂草	内吸	低毒	喷雾

3. 三氮苯类除草剂

三氮苯类除草剂是以三氮苯为基本化学结构的广谱性除草剂，是 20 世纪 50 年代研究开发的一大类高效除草剂，至今仍是一类重要的除草剂。它的作用机理是抑制光合作用。

该类药剂具有内吸作用，但在玉米体内可被降解，从而解毒，故此类除草剂中的一些品种（如莠去津、草净津等）适合在玉米地使用，是我国目前防除玉米田杂草的重要除草剂品种。

使用方法主要采用土壤处理方法，也可以采用茎叶处理方法。三氮苯类除草剂的主要品种及其使用方法见表 5—20。

表 5—20　三氮苯类除草剂的主要品种及其使用方法

除草剂名称	制剂	适用作物	防除对象	作用方式	毒性	使用方法
莠去津阿特拉津	48%可湿性粉剂，38%乳油	玉米田、甘蔗田、茶园、苹果园、高粱田等	一年生杂草	内吸传导，根部吸收为主	低毒	土壤，处理喷雾
氰草津	50%可湿性粉剂，40%、43%悬浮剂	玉米、豌豆、马铃薯、甘蓝、棉花等	禾本科杂草和阔叶杂草	内吸传导，根部吸收为主	中等毒	喷雾
西草净	50%可湿性粉剂，25%可湿性粉剂	水稻、玉米、小麦、大麦等禾本科作物田，大豆、豌豆等	阔叶杂草	内吸传导，根部、茎叶均可吸收	低毒	毒土法
嗪草酮	50%可湿性粉剂，70%可湿性粉剂	大豆	阔叶杂草	内吸传导	低毒	喷雾
环嗪酮（威尔柏）	25%水剂，25%可溶性液剂，5%颗粒剂	森林	灭生性，可防除多种杂草	内吸传导	低毒	喷雾，撒颗粒

4. 取代脲类除草剂

取代脲类除草剂是20世纪50年代开发的一类重要的除草剂，是以脲为基本分子而合成的一系列化合物，所以统称为脲类除草剂，中文命名中多采用“隆”作为此类除草剂产品通用名的后缀，如绿麦隆、利谷隆等。

此类除草剂品种很多，大部分作为土壤处理剂使用，少数品种也可用于芽前芽后兼用性除草剂。取代脲类除草剂的主要品种及其使用方法见表5—21。

表5—21　取代脲类除草剂的主要品种及其使用方法

除草剂名称	制剂	适用作物	防除对象	作用方式	毒性	使用方法
绿麦隆	25%可湿性粉剂	小麦、大麦、玉米	一年生杂草	内吸传导，根部吸收为主	低毒	播后苗前或苗期喷雾
敌草隆	25%可湿性粉剂	甘蔗等	一年生杂草	内吸传导	低毒	喷雾
伏草隆	80%可湿性粉剂，25%可湿性粉剂	棉花、玉米、高粱、大麦、小麦、水稻、马铃薯及果园等	一年生单、双子叶杂草	内吸传导性土壤处理剂，主要根部吸收	低毒	土壤喷雾处理

5. 酰胺类除草剂

酰胺类除草剂是指分子中含有酰胺结构的除草剂，如甲草胺、乙草胺、丁草胺等。酰胺类除草剂的一部分品种为茎叶处理剂，如敌稗，更多的品种是土壤处理剂，如乙草胺、丁草胺。酰胺类除草剂是防治一年生禾本科杂草的特效产品，对阔叶杂草防效较差。

用酰胺类除草剂做土壤处理时的用量与土壤特性有密切的关系，随着有机质及黏度增加而使用量相应加大。这类除草剂均在作物播前或播后苗前进行土壤处理，中等土壤湿度或施药后遇小雨利于药效的发挥，干旱时一定要在施药后混土。酰胺类除草剂的主要品种及其使用方法见表5—22。

表 5—22 酰胺类除草剂的主要品种及其使用方法

除草剂名称	制剂	适用作物	防除对象	作用方式	毒性	使用方法
敌稗	20% 乳油	水稻	稗草	触杀、内渗	低毒	茎叶喷雾
甲草胺	43% 乳油，15% 颗粒剂，10% 颗粒剂	大豆、玉米、棉花、花生、马铃薯、芝麻、甘蔗等	一年生禾本科杂草及马齿苋、菟丝子等双子叶杂草	幼芽和根吸收	低毒	土壤处理
乙草胺	90% 乳油，50% 乳油，20% 可湿性粉剂	夏玉米、大豆、棉花、蔬菜等	一年生杂草	幼芽和根吸收	低毒	土壤处理
丁草胺	60% 乳油，65% 乳油	水稻田、玉米等	一年生杂草	幼芽和根吸收	低毒	土壤处理

6. 氨基甲酸酯类除草剂

● 氨基甲酸酯类除草剂是以氨基甲酸酯为结构的一大类除草剂，代表品种有野麦畏、禾草特等。氨基甲酸脂类除草剂的大多数品种通过根部吸收，并迅速向茎叶传导。

● 使用方法为播前处理。这类除草剂一般用于防除一年生禾本科杂草及某些阔叶杂草。此类除草剂都是容易挥发的化合物，从湿土表面及植物茎叶通过挥发迅速消失，土壤有机质的吸附作用在防止此类除草剂挥发中起很大作用。因此，此类除草剂使用时的关键问题是防止挥发，土壤处理施药后应及时混拌入土中5~8厘米，水田施药时一定要有保水层。氨基甲酸酯类除草剂的主要品种及其使用方法见表5—23。

表5—23 氨基甲酸酯类除草剂的部分代表品种及其使用方法

除草剂名称	制剂	适用作物	防除对象	作用方式	毒性	使用方法
野麦威	40%乳油	小麦、大麦等	农田野燕麦	胚芽鞘吸收	低毒	土壤处理
禾草丹	50%乳油，6%颗粒剂	水稻、棉花、大豆、小麦	稗草、三棱草等水田杂草，马唐、苋等多种旱田杂草	内吸传导，根部和幼芽吸收	低毒	土壤处理毒土法（保水）
禾草特	90.9%乳油	水稻	稗草、牛毛草	胚芽鞘吸收	低毒	毒土法喷雾

7. 有机磷类除草剂

有机磷类除草剂是指分子结构中含有磷元素的一类除草剂，此类除草剂品种较少，代表品种有草甘膦。有机磷类除草剂的主要作用部位是植物的分生组织，通过抑制植物分生组织的细胞分裂而达到防除作用。

草甘膦接触土壤后容易失效，因此只能通过叶面喷雾施用，不能用作土壤处理剂。有机磷类除草剂的主要品种及其使用方法见表5—24。

表5—24　　有机磷类除草剂的主要品种及其使用方法

除草剂名称	制剂	适用作物	防除对象	作用方式	毒性	使用方法
草甘膦	58%可溶性粉剂，10%水剂	柑橘园、果园、茶园、橡胶园、咖啡园、森林防火道、非耕地等	一年生和多年生杂草	内吸传导	低毒	叶面喷雾
莎稗磷	30%乳油	水稻田	一年生杂草及莎草等	根系吸收	低毒	喷雾，毒土法（保水）

8. 硝基苯胺类除草剂

硝基苯胺类除草剂是指以硝基苯胺为基本结构的一类除草剂，是从20世纪50年代开始研究筛选的，代表品种有氟乐灵、地乐胺、二甲戊乐灵（即除草通）。此类除草剂的特点有：

- 杀草谱广，对一年生禾本科杂草有特效，还可防除一些一年生阔叶杂草及宿根高粱等多年生杂草。
- 药效稳定，可以在干旱条件下施用。
- 为土壤处理剂，多在作物播种前或播后苗前施药，药剂被杂草的幼芽或幼根吸收后，通过触杀作用杀伤杂草的幼芽和幼根，进而导致杂草死亡。硝基苯胺类除草剂的主要品种及其使用方法见表5—25。

表 5—25 硝基苯胺类除草剂的主要品种及其使用方法

除草剂名称	制剂	适用作物	防除对象	作用方式	毒性	使用方法
地乐胺	48% 乳油	大豆、花生、向日葵、甘蔗、棉花、水稻、蔬菜、苜蓿等	菟丝子、稗草、马唐等杂草	幼芽及胚轴吸收，触杀	低毒	土壤处理，茎叶喷雾
二甲戊灵	33% 乳油，50% 乳油	燕麦和叶菜类农田，大豆，豌豆，水稻，玉米等	一年生禾本科杂草	幼芽及胚轴吸收	低毒	土壤处理
氟乐灵	48% 乳油	棉花、大豆、油菜、花生、向日葵、小麦、苜蓿、蓖麻、蔬菜、果园等	稗草、马唐、狗尾草等一年生禾本科杂草及藜、繁缕等部分阔叶杂草	幼芽及胚轴吸收	低毒	土壤处理，毒土法（注意施药后立即混土）

9. 联吡啶类除草剂

联吡啶类除草剂仅有两个品种，分别是百草枯和敌草快，是触杀型除草剂，能被植物绿色部分吸收，但对根部无作用。本书只介绍百草枯。

百草枯是一种典型的触杀型灭生性除草剂，常用制剂是 20% 水剂，对单子叶和双子叶植物都可灭除，作用速度快，很受欢迎。百草枯主要有以下特点：

- 被植物叶片吸收后，使光合作用和叶绿素合成很快中止，叶片着药后 2~3 小时就开始变色发黄，3~4 天内可杀死所有绿色部分，全株干枯而死。

● 阴天药效来得慢些，但杂草有更多的时间吸收药剂，除草更彻底。

● 无传导作用，叶片吸收的药剂不能传导到根部或地下茎，因而对多年生杂草只能杀伤地上绿色部分，对地下部分无杀伤作用，施药后有再生现象。

● 百草枯一经与土壤接触，其阳离子与带负电荷的土壤团粒相结合，或被土壤胶体吸附，失去毒杀能力，对后茬作物无伤害，因而施药后很短时间就可种植作物。

需要注意的是，百草枯是一种中等毒除草剂，对人毒性大，无解毒剂，因此在储存和施用时均需注意安全防护。

根据《农业部、工业和信息化部、国家质量监督检验检疫总局公告》（第 1745 号）要求，自 2016 年 7 月 1 日起停止百草枯水剂在国内销售和使用。百草枯水剂停止销售使用后，可选择销售使用草甘膦、草铵膦、敌草快等替代农药品种，或选择百草枯可溶粒剂、可溶胶剂产品。农药经销单位、农民朋友不要违规经营和使用百草枯水剂，以免造成不可弥补的严重后果。

下地拔草农药“溜”进腿，老农中毒身亡

辽宁省庄河市明阳镇端阳庙村邓屯邓某在2008年6月初，雇人给田打了除草的百草枯。6月12日下午，邓某光脚到水田里拔已经枯死的杂草。6月13日凌晨3点半，邓某突然感觉下肢疼痛难忍。6月13日凌晨5时30分许，邓某被送到了附近一家乡镇医院，据初步诊断，邓某患的是痛风待查。紧接着，就开始给邓某挂吊瓶。后来，因迟迟不见好转，大夫开车将他拉到了庄河市一家医院。但那里的大夫也没看出来邓某患的是什么病。当日16时许，大夫再次将邓某及家属拉回了乡镇医院，继续按痛风治疗。6月14日凌晨2点钟，邓某被转院送到了大连一家医院。经专家会诊，邓某患的是农药百草枯中毒。到当日下午2点，邓某因医治无效死亡。

点评

百草枯是一种中等毒除草剂，大鼠急性经口 LD_{50}129~157毫克/千克的毒性比很多杀虫剂还要高，中毒后没有解药，因此，储存、使用时一定要注意安全防护。

避免除草剂药害

1. 造成除草剂药害的原因

药害是除草剂使用中存在的一个重要问题，因为作物和杂草都是绿色植物，有些还是同科、同属，当使用某种除草剂杀灭农田杂草时，稍有不当，就会伤害作物。农民朋友们须知，任何作物对除草剂都不具有绝对的耐性或抗性，而所有除草剂品种对作物与杂草的选择性也都是相对的，仅在一定范围内才显现出选择性杀草而不伤害作物，超越其选择范围，就会伤及作物。在除草剂大面积使用中，使作物产生药害的原因多种多样，70% 的药害是由于使用不当造成的，其中，过量用药、误用、错用或混用不当是主要原因，在操作中都是可以避免的。

过量施药 有些用户在使用超高效除草剂时，对其用少量药剂就能除草有怀疑，随意增加施药量，或遇到药效不够好时也不认真寻找原因，盲目增加施药量，致使用药过量引起药害。也有的由于称量药剂不准确、施药不均匀、重喷重施，使局部施药过量引起药害。

误用、错用或混用不当 将除草剂误当杀虫剂或杀菌剂使用，在杀虫剂或杀菌剂中意外混入除草剂，不同除草剂品种间以及除草剂与杀虫剂、杀菌剂等其他农药混用不当，都易造成药害。脲类除草剂与有机磷杀虫剂混用，会严重伤害棉花幼苗；敌稗与 2, 4–D、有机磷、氨基甲酸酯及硫代氨基甲酸酯农药混用，能使水稻受害；玉米田施用有机磷后对烟嘧磺隆敏感，两药施用间隔期需 7 天左右。这里就有一个误用除草剂的典型案例。1997 年，河南一农民误把标签脱落的二甲四氯当杀虫脒（此药已禁用）喷洒棉花防治棉红蜘蛛，造成棉花绝收。

有些除草剂在施用后，会使作物不可避免地出现一些异常症状，稍后迅速恢复正常，并不影响作物产量，这种情况下不将其看作药害，也就不用去管它。如喷施野燕枯后，小麦叶片短时期变黄；用三氟羧草醚喷施大豆后，大豆叶片灼伤，不抑制大豆生长，一般1~2周可恢复正常生长；灭草松是抑制光合作用的除草剂，苗后喷施后2小时，大豆叶片二氧化碳同化作用开始受抑制，4小时叶片下垂，8小时后可恢复正常。

2. 怎样避免除草剂药害发生

采用化学除草时，在施药后，每隔一段时间要仔细观察作物，一旦出现药害，要在查明原因后根据情况设法补救，具体措施参见其他同类书籍，这里仅介绍用除草剂安全剂减轻除草剂药害的方法。

除草剂安全剂也被称为除草剂解毒剂或作物安全剂。由于“解毒剂”这个名称极易与医疗和药物学中广泛应用的解毒剂混淆，所以，目前普遍将“除草剂解毒剂”称为“除草剂安全剂”。顾名思义，除草剂安全剂是能提高除草剂对作物的安全性，使作物免受或减轻除草剂药害的一类药剂。它的主要作用有：

- 增强除草剂的选择性，使灭生性除草剂有选择性地除草；

防除在植物学方面与作物科属相邻近的杂草，如禾本科作物田中的禾本科杂草；使某些除草剂可用于原本对这些除草剂敏感的作物上，扩大了应用范围。

- 消除土壤中除草剂的残留，避免伤害后茬作物。

- 起解毒作用，减轻或消除已产生的药害，如小麦误喷西玛津后喷葡萄糖溶液解毒；棉花受 2，4-D 类药害后，可马上喷石灰水解毒。

3. 除草剂安全剂的使用方法

根据除草剂安全剂的作用特性，特别是选择性，其使用方法有三种：

- **与除草剂混配制成混合制剂** 例如威霸和骠马的有效成分都是精恶唑禾草灵，而威霸仅能用于阔叶作物田防除禾本科杂草，不能用于麦类等禾本科作物田；骠马是加有安全剂的制剂（产品），能使小麦将有效成分分解，从而具有选择性。所以，能用于小麦田防除禾本科杂草。

- **作物播种前拌种** 在作物播种前用除草剂安全剂拌种应在用杀虫剂或杀菌剂拌种后再拌除草剂安全剂，也可将除草剂安全剂与杀菌剂或杀虫剂混匀后再拌种。例如用萘二甲酸酐处理玉米、高粱种子，可阻止甲草胺、异丙甲草胺对这两种作物的药害。

- **作为吸附剂使用** 早在人工合成除草剂安全剂之前，就已经把活性炭当作除草剂安全剂使用。活性炭是通过吸附作用而起到除草剂安全剂作用的，不同类型的活性炭吸附能力差异达 100 倍以上。活性炭可以通过拌种、蘸根（茎）或土壤处理方法使用，也可用于清除喷雾器内残留的 2，4-D 类除草剂。

除草剂安全剂作为除草剂品种和制剂开发与农田化学除草的

辅助成分之一，随着除草剂品种开发而发展，目前针对不同类型除草剂已有相应的安全剂品种，但有些尚未商品化，又因多数安全剂价格较贵，使其应用受到影响。化学除草技术在近代农业中占据重要的地位，通过安全剂的开发与应用，可以提高除草剂的选择性，改善除草剂对作物的伤害，因此，除草剂安全剂将会得到进一步开发和应用。

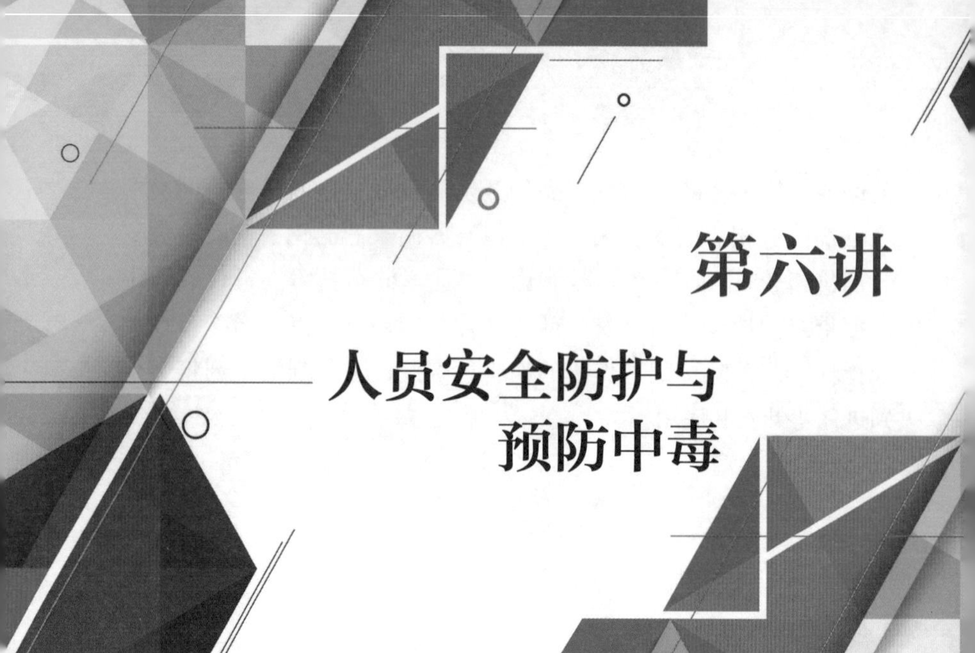

第六讲

人员安全防护与预防中毒

话题1 安全防护很重要

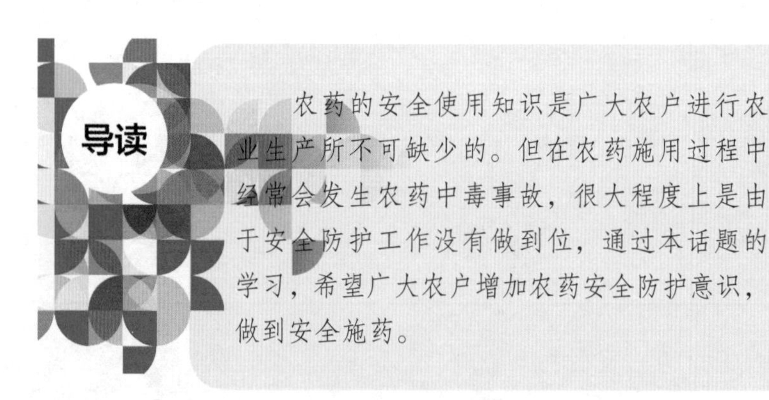

导读

农药的安全使用知识是广大农户进行农业生产所不可缺少的。但在农药施用过程中经常会发生农药中毒事故，很大程度上是由于安全防护工作没有做到位，通过本话题的学习，希望广大农户增加农药安全防护意识，做到安全施药。

什么是农药中毒

在农业生产中，很多农户在缺乏防毒科学知识和有效防护措施的状态下施用农药，使进入人体的农药量超过正常人的最大耐受量，导致人体的正常生理功能失调或某些器官受损伤或发生病理改变，表现出一系列临床中毒症状，这种现象就是农药中毒。

农药中毒有什么症状

不同种类农药中毒的症状是不同的，下面分条加以说明：

1. 有机磷杀虫剂的中毒症状

有机磷杀虫剂急性中毒初始症状根据农药进入人体途径的不同有一定的差异：

- 通过口腔中毒的症状大多是恶心、呕吐、腹痛；
- 通过皮肤吸收中毒的初始症状是烦躁不安、多汗、流涎等；
- 通过鼻、呼吸道中毒的初始症状是呼吸困难、视力下降。

2. 氨基甲酸酯类杀虫剂的中毒症状

氨基甲酸酯类杀虫剂急性中毒表现症状主要是流涎、流泪、肌肉颤动、瞳孔缩小等。按中毒轻重，可将中毒症状分为三种。

- 中毒较轻时的症状为头痛、恶心、呕吐、腹痛、食欲下降、瞳孔缩小、出汗、流泪、流涎、震颤；

● 中度中毒时的症状为肌肉痉挛、步行困难、语言表达模糊不清；

● 中毒严重时的症状为意识昏迷、对反射消失、全身痉挛、血压下降、肺水肿。

3. 拟除虫菊酯类农药的中毒症状

● 常见症状表现为接触农药的皮肤发红，有烧灼感和刺痒感，遇热症状更明显一些，但洗净皮肤两小时后，上述症状可逐渐消失。

● 也有个别中毒者会出现红色粟粒样丘疹、水疱，糜烂等；皮肤感染严重者会出现头痛、头晕、恶心、呕吐、全身无力、心慌、视力模糊等症状。

● 通过口腔中毒者的主要症状为恶心、呕吐、上腹部疼痛、胸闷；严重中毒者会出现呼吸困难，阵发性四肢抽搐或惊厥，同时意识丧失，但每次发作 2 分钟后，抽搐停止，意识恢复。

为什么要进行农药的安全防护

农药施用作业中，安全防护工作的细致与否关系到操作人员的人身安全。俗话说，“常在河边走，哪有不湿鞋”。如果粗心大意，稍有不慎，就可能造成农药中毒，后果将不堪设想。所以在施用农药的过程中，一定要注意保护自己的人身安全，以免造成人身伤害和经济损失。

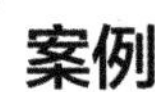

喷洒农药不防护，农妇中毒

2008 年 7 月 27 日，黑龙江省巴彦县妇女孙某发现地里的一些果树出现了虫眼，她就找来农药和喷雾器给果树杀虫。因为天热，孙某穿着短袖衫，为了图省事，也没戴口罩、手套等防护措施就开始喷药。喷完药大约 6 小时后，孙某感到烧心，随后开始呕吐，等到家人将她送到医院时，她已经开始抽搐并出现昏迷症状，经医生诊断为农药中毒。

点评

这是因不采取防护措施引起农药中毒的典型案例，由于农田和果园害虫防治正值夏季高温季节，因怕热，很多人不愿意穿戴防护衣物，经常穿短袖服装（甚至赤膊上阵）在田间喷洒杀虫剂。本案例的孙某在给果树喷洒杀虫剂时，没有进行安全防护，且在树下向上喷药，从树叶上流淌下来的农药滴落到树下的孙某身上，导致中毒事故。据医生介绍，散布在空气中的农药由呼吸系统和皮肤进入人体也会引起中毒，因此喷农药时一定要做好防护工作，不能因怕热、怕麻烦就不采取安全防护措施。

话题 2　农药是怎样进入人体的

正所谓“知己知彼，百战不殆”，了解农药进入人体的途径，以采取针对性的措施，防止农药危害人们的身体健康，有着重要的意义。一般情况下，农药是经过皮肤、呼吸道、消化道进入人体的。本话题从三个方面入手，分析农药进入人体的途径，为广大农户做好防护工作提供依据！

经皮肤进入人体引起中毒

这类中毒是由于农药沾染皮肤或黏膜进入人体，从而引发中毒。从图 6—1 可以清楚地看到人体皮肤的组织结构。人体皮肤的皮脂腺、汗腺、汗腺导管、皮下血管等组织都可以成为农药进入人体的通道。很多农药能溶解在脂肪中，所以农药在与人的皮肤接触后，可以进入人体内部，特别是天热、气温高时，人的体温升高，血液循环加快，同时皮肤流出的汗水也增多，农药进入人体就相对容易了。如果皮肤有伤口，农药更容易进入。农民朋友在喷施农药的时候，如果身上有伤口，千万要注意保护，切记不可粗心大意、酿成苦果。

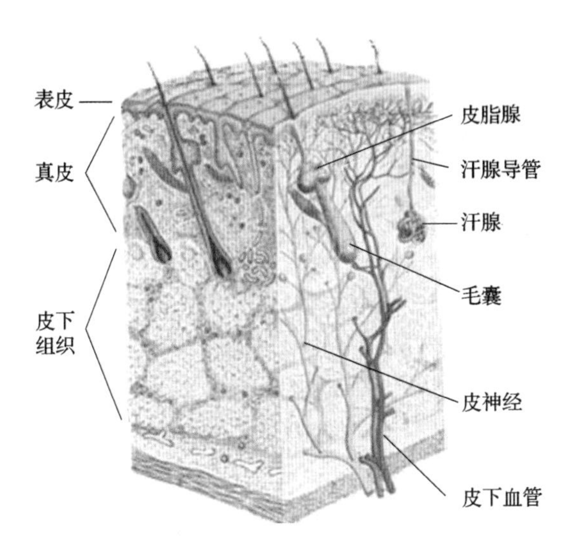

图 6—1　人体皮肤的组织结构

经呼吸道进入人体引起中毒

农药经呼吸道进入人体的方式极易被人们所忽视，有的农民朋友甚至一边打药一边吸烟，给自身的人身安全造成隐患。喷药时，农药的粉尘、雾滴和挥发的蒸气，可以随着施药人员的口鼻进入人体，进而引起中毒。有的农药具有刺激性的气味，如敌敌畏，此类农药在喷施时，较容易被施药人员发觉，但有些农药，特别是无臭、无味、无刺激性的农药，容易被人们所忽视，在不知不觉中大量吸入人体，造成中毒。为预防中毒事故，在农药施用过程中，施药人员一定要戴口罩或其他防毒工具。

案例

农民熏粮驱虫，导致10岁女儿中毒身亡

2008年5月21日上午，河南省新郑市新建路办事处教场村柳某的女儿，突然感觉头晕、肚子疼，还难受地呕吐了一地。柳某立即带她到附近一家卫生所治疗，打针、输液治疗后效果并不明显。次日上午，她依然感觉肚子疼，柳某带着她来到新郑市中医院也没有查出是什么病。在新郑市人民医院治疗时，医生问："房间里放熏小麦的药了没有？"这让柳某突然想到，前几天，他发现家里的小麦生了很多小飞蛾，就买来磷化铝杀虫。他在9袋麦子中上下两处各放了两片。药片是用布包着的，还用皮筋捆得紧紧的。可能是女儿闻到了气味中毒了。在医生的吩咐下，柳某来到了卖药的农资供应站，拿来产品包装盒。医生参考磷化铝片剂使用及注意事项，认为柳某的女儿是吸入了磷化铝产生的剧毒气体中毒了。虽经过紧张抢救，但是10岁的女儿还是在5月23日中午心搏骤停。

点评

这是经呼吸道中毒的典型案例，由于没有照顾好敏感人员，导致柳某的女儿吸入过多的农药中毒死亡。作为父亲，柳某不是一名合格的监护人，也不是一名合格的农药使

用者，如果柳某把农药的安全使用放在心上，年仅10岁的女儿也不会早早地丧失生命。可见，农药的安全使用不仅是使用者自己的事，也是关系到家人健康甚至生命安全的大事。

经消化道进入人体引起中毒

这种方式引起的中毒较为危险，通常一次性进入量较大，中毒较为严重。经消化道进入人体而引起中毒的可能性一般有两种，一种是误服农药，另一种是误食被农药污染的瓜、果、蔬菜及其他食物。预防经消化道引起中毒的有关知识，可参照第一讲中提到的农药的安全存放知识和第八讲的农药安全间隔期知识，并注意看护好敏感人员，如儿童、精神病人。

话题3　施用农药为什么会造成中毒

搞清楚导致农药中毒的原因，有利于做好农药施用过程中的安全防护，有利于更加科学、安全地使用农药，合理地安排施药人员、施药时间、施药方法等。

农药施用过程中，导致农药中毒的原因有很多，疏忽任何一个环节，都可能造成农药中毒事故。任何时候、任何条件下，都不能掉以轻心。导致农药中毒的原因有以下几方面。

不宜施用农药的人员

施用农药的人员的身体状况与农药中毒的概率之间有着一定的关系，相对而言，身体健康的青壮年只要认真操作，农药中毒的概率是较低的，而儿童、少年、老年人、“三期”妇女（月经期、孕期、哺乳期）与体弱多病、患皮肤病、皮肤有破损、精神不正常、对农药过敏，或中毒后尚未完全恢复健康者不适合施用农药。

不注意个人防护

个人防护是关系到能否安全施药的关键，但有很多农户不注意个人防护。在配药、拌种、拌毒土时不戴橡皮手套和防毒口罩，施药时不戴防毒口罩，不穿长袖衣、长裤和鞋，赤足露背，甚至直接用手播撒经高毒农药拌种的种子。这是不注意个人防护导致农药中毒的一个重要原因。

配药不小心

配药时药液污染皮肤后不及时清洗；药液溅入眼内；人在下

风配药，吸入农药过多；直接用手拌种、拌毒土，这都是导致农药中毒的原因，是很危险的。

喷药方法不正确

很多田地的长度比较长，一些农民朋友喷药是在有风的条件下进行的，为了省事，从上风喷药后，又直接从下风喷药，这种施药方式很容易吸入大量的农药，导致农药中毒。有些情况下，尤其是在大面积棉田里，几架药械同时喷药时，要按梯形前进下风侧先行的原则施药，对于小面积分户种植的农田很难按上述原则操作，容易引起粉尘、雾滴污染，处于下风的施药人员若不注意保护自己，很容易受到伤害！

喷雾器故障处理不当

在施药过程中，会碰到各种各样喷雾器械故障，最为常见的是喷头堵塞。很多农民朋友直接徒手修理，甚至用嘴吹，这种做法极易引起农药中毒，也是农民朋友最不注意的地方。在这种情况下，农药极易随皮肤和口腔进入体内。有的喷雾器有漏水的故障，喷一次药，全身像洗一次澡似的，这也是很容易经皮肤接触农药引起中毒的原因。

施药时间过长

在农村，青壮年一般外出务工，家里地多人少，很多农民朋友在喷农药时吃苦耐劳，不喷完农药不回家。从农药安全施用的角度来讲，这是很不恰当的，施药时间过长，会造成人体疲劳，抵抗力下降，经呼吸道吸入和皮肤接触一次性进入人体的农药量过多，易造成人体中毒。

施药时有不良习惯

田间喷雾作业是一个体力活，耗费体力大，有的农民朋友在施药过程中感觉饿、渴时，不等施药结束便吃东西、喝水；有的农民朋友虽然可以控制在施药时不随便吃喝东西，但施药完毕后未清洗干净，便吃喝东西，这两者都是很危险的，农药会随着食物进入人体引起中毒。对有吸烟习惯的农民朋友来讲，施药休息时吸烟也是一个易引起中毒的因素，因为经呼吸途径进入人体的农药增多，吸烟的施药人员可要注意啦！

话题 4　对施药人员的要求

发达国家对施药人员都有明确的要求。国际上的趋势是施药人员需要培训、考核，获得资格证书后才能开展田间喷雾作业。与发达国家相比，我国农村施药人员现状不容乐观，目前农村因年轻力壮的小伙子多外出打工，施药人员以女性占多数，常出现农药中毒的问题。

国际上对施药人员要求严格

因田间农药的使用涉及作物栽培、病虫草害识别、农药选择、施药器械选择、田间喷雾作业等专业知识，对施药人员的知识和标准化操作技术都有很高的要求，因此，发达国家对施药人员都有非常严格的规定，只有经过培训、考核，获得田间喷雾作业执照的人员才能从事田间喷雾作业。英国的《绿色法典》规定，年龄 20 岁以下，或者从事田间喷雾商业服务的人员，必须经过培训、考核，获得田间喷雾作业资格证书才能进行田间喷雾作业，否则将受到惩罚。为保证新农药和新技术的安全使用，韩国在《农药管理条例》中明确规定，农药使用者必须每年接受一次免费的技术培训。

我国对施药人员的要求

我国在《农药安全使用规范》中规定，配制和施用农药人员应身体健康，经过专业技术培训，具备一定的植保知识。严禁儿童、老人、体弱多病者或处于经期、孕期、哺乳期的妇女参与和从事上述活动。田间施药人员的选择是有一定规范的，一般情况下，田间施药人员必须是工作仔细认真、身体健康的青壮年，并接受过一定的技术培训。农田施药技术知识可以向当地植保人员学习，也可以向当地有经验的农民学习，当然也可以通过阅读农药标签和有关书籍学习。

不适合从事施药工作的人员

从年龄来讲，老年与少年都不宜参加施药工作，施药人员应是年龄在 18 ~ 50 岁的青壮年人员。

少年 少年人身体的各个系统、组织、器官正在迅速成长，尚未发育完全，身体机能尚未成熟，尤其是神经系统调节机能不太稳定，对毒剂的耐受力、解毒功能较弱，同时少年皮肤薄并且柔嫩，覆盖汗毛少，抵抗力弱，易发生中毒。

老年人 老年人的生理机能逐渐减弱，免疫能力也逐渐下降，自我调节能力弱，同时体能下降，打药属于重体力活，不适合老年人干。在同等条件下，老年人对农药的耐受力、解毒能力都相对比较差，接触农药后容易发生中毒。

“三期”妇女 “三期”妇女即处于月经期、孕期和哺乳期的妇女。月经期的妇女自主神经兴奋性增高，毛细血管的渗透性增加，血液中的胆碱酯酶活性明显下降，利于农药进入人体；对于孕期妇女，农药进入人体后，会随着血液循环进入胎儿体内，影响胎儿的正常发育，造成农药中毒，进而引起早产、流产甚至死胎；对于哺乳期妇女，若体内进入农药，则部分农药会随乳汁进入婴儿体内，影响婴儿正常生长发育。

其他不宜施药的人员 精神病患者、皮肤病患者、体弱多病者、农药中毒尚未完全康复者均不能参加施药工作，他们都属于对农药敏感的人群。如皮肤病患者，农药可能加重皮肤病的严重程度，对患者的身心健康造成严重危害！

案例

孕妇喷药中毒，痛失宝宝

某年8月2日，山东省青岛城阳人民医院急诊科内一名准妈妈腹痛难忍。据了解，该女士姓李，此时已怀孕5个多月，经妇科检查，发现胎儿心率减慢。此时在急诊室值班的大夫询问她之前的生活饮食情况，得知患者曾到黄瓜田喷药防治蚜虫，并食用过一根黄瓜。大夫马上要求李女士进行胆碱酯酶的化验，经化验确诊为有机磷杀虫剂中毒，而腹痛是中毒的反应。李女士被迅速送往急诊室治疗，因为农药的毒副作用，不得不中止妊娠。

点评

这是“三期”妇女施药中毒的典型案例，孕期妇女接触农药后，农药会随着血液循环进入胎儿体内，影响胎儿的正常发育。

话题 5 安全防护用品

农药喷施作业人员的防护用品有许多，如手套、口罩、防毒面具、雨衣、雨鞋等，不同的防护用品的作用和效果是不同的。了解防护用品，不仅要认识其作用，还要了解其消毒、防护的方法。防护用品是施药过程中避免农药进入人体内的重要屏障，其材料的选择会直接影响防护效果。选择防护用品的材料也有特殊的要求。

在农药使用过程中，我国每年都会发生多起生产性农药中毒事故，即在农药喷洒过程中发生操作人员中毒事故，非常令人痛心。据不完全统计，全国每年在农药喷洒过程中发生中毒死亡的人数就达数百人。这些事故的发生，固然与农药本身的毒性有关，但更与操作者在喷洒农药过程中不注意自身安全防护有密切的关系。由于经济水平的限制，大部分农户不愿意或没有能力购买专用的农药喷洒防护设备（防毒面罩、透气性防护服等），再加上对安全防护的认识不足，使用者在喷洒农药时，徒手配制、赤膊赤脚喷洒农药等现象屡见不鲜，同时农户对农药科学使用了解不多，极易造成农药中毒。

农药使用中的安全防护用品

农药使用是一项专业性很强的工作，在施药过程中，应佩戴防毒面具、防护帽（不透水）、护目镜、长筒靴、防护手套、防护服等，如图 6—2 所示。

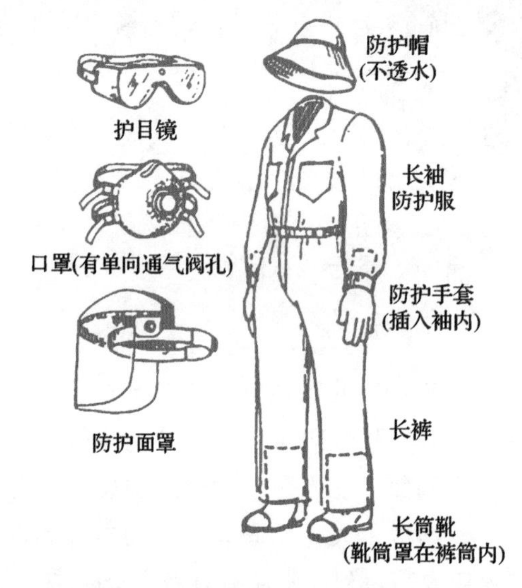

图 6—2　施用农药的标准防护用品

在农药的使用说明书中都会告知用户使用农药的各种安全防护注意事项和意外事故的处置方法。因此，农户要做的事情就是正确地执行农药说明书中的各项规定，佩戴防护用品，正确施用农药，以避免意外事故的发生。

防护服

在施药作业中，各种农药的药雾会通过鼻腔、眼睛和嘴侵入人体，因此防护服不仅应保护躯体皮肤，也应同时保护身体其他部分。防护服有正规的专用服装，也有因地制宜的简易防护服，如图 6—3 所示。

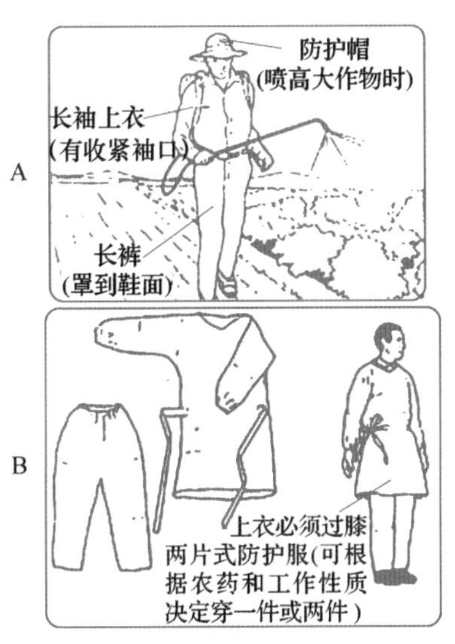

图 6—3 喷洒农药时的简易防护服
A- 整套式防护服 B- 两片式防护服

防护服应满足如下要求：

- 穿着舒适轻便，但必须能充分保护操作人员的身体。
- 对防护服的最低要求是，在从事任何施药作业时，防护服必须能覆盖住身体的任何裸露部分。
- 不论何种材料的防护服，必须在穿戴舒适的前提下尽可能厚实，以利于有效地阻止农药的穿透力。因为厚实的衣服能吸收较多的药雾而不至于很快进入衣服的内侧，厚实的棉质衣服通气性好，优于塑料服。

● 施药作业结束后，必须迅速把防护服清洗干净。

● 防护服要保持完好无损，在进行作业时防护服不得有任何破损。

● 使用背负式手动喷雾器时，应在防护服外再加一个改制的塑料套（可用一个大塑料袋，袋底中央剪出一口，足以通过头部；袋底的两侧各剪出一口，可穿过两臂），以防止喷雾器渗漏的药水渗入防护服而侵入人体，如图 6—4 所示。

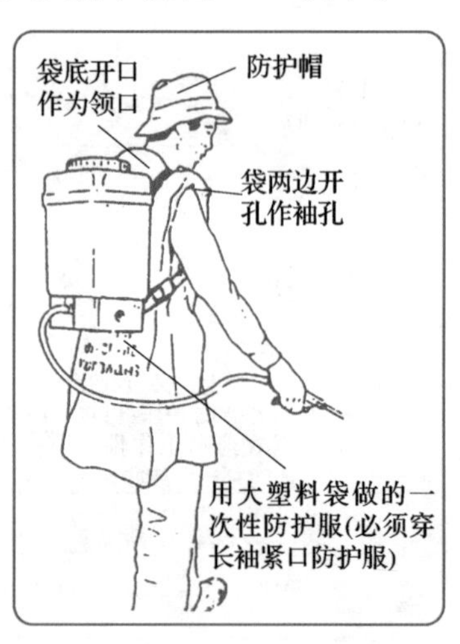

图 6—4　用大塑料袋做的一次性防药液滴漏的防护背心

其他防护材料

有的植物的叶子较为宽大，如荷叶、较大的树叶、芭蕉叶、笋壳等，这些都可以用来做防护材料，当然这些防护材料一般只适合用于足面防护。很多农民朋友把盛装化肥的塑料袋子做成围裙、护腿，方便实用。

常用防护用品的消毒

常用的防护用品在配药、施药过程中都会沾染一些农药，需清洗消毒。根据大多数农药遇碱分解的特点，防护用品可用碱性物质消毒。例如，手套、口罩、衣服、帽子被有机磷农药污染后，可用肥皂水或草木灰水消毒。草木灰属含碱性物质，常用一份草木灰兑 16 份水制成消毒液，待澄清后取上面的清液使用，有一定的消毒效果。

若防护用品沾染了农药制剂的原液，可先放入 5% 碱水或肥皂水中浸泡 1 ~ 2 小时，再用清水洗净。

橡皮或塑料手套、围腰、胶鞋沾染了农药制剂原液，可放入 10% 碱水中浸泡 30 分钟，再用清水冲洗干净，晾干备用。

常见自制的农药防护用品

在农村的环境中，可以说只要利用好了，到处都是宝贝，比如上文所提的比较大的树叶，可以用来作为脚上的防护用品，化肥用后的塑料袋子可以做成很多用途的东西，比如可做成上衣、围裙等，都可以用来作为喷施农药时的防护用品。

第七讲

农药废弃物的处置

用不完的农药如何处理？有些农户把剩余的农药装在饮料瓶中，这样做非常危险。现在，农药的包装越来越漂亮，很多液态农药制剂的包装瓶类似于饮料包装，常被用户误用。田间喷洒农药后，总会遗留农药的废弃包装物，如农药瓶、包装袋，如何处理这些农药废弃物呢？有些过于节俭的用户用农药包装箱盛装水果、蔬菜，有的用户把用过的农药包装瓶洗净后再用；有些农户常常随手把废弃的农药包装物扔在路边或丢进池塘。殊不知这些小小的举动可能会造成人员中毒，更会造成严重的环境污染。

在农药储运、销售和使用中有很多农药废弃物，对这些废弃物如果不加强控制与管理，势必对公众的健康造成潜在的危害及环境污染。笔者在全国各地经常看到水渠边、河边或湖边散落有废弃的农药包装，严重危害环境。现阶段，很多农村的河塘中不再有鱼游蛙鸣，与随意丢弃农药包装物、污染水源有很大关系。因此，正确处置农药废弃物是保障人身健康安全和减少环境污染的重要措施，也是广大农户的责任。

农药废弃物的来源

- 储藏时间过长或受环境条件的影响而变质、失效的农药。
- 在非施用场所溢漏的农药以及用于处理溢漏农药的材料。
- 农药废包装物，包括盛农药的瓶、桶、罐、袋等。
- 施药后剩余的农药药液。
- 农药污染物及清洗处理物。

处理农药废弃物的一般原则

针对农药废弃物的产生来源，采取必要的方法进行防护和安全处理是保障环境和人类安全的有效措施。

- 首先要遵守有关的法律和管理条例。
- 农药废弃物不要堆放时间太长再处理。
- 如果对农药废弃物不确定,要征求有关专家意见,妥善处理。
- 当进行废弃物处理时，要佩戴相应的保护用品。
- 不要在对人、家畜、作物和其他植物以及食品和水源有害的地方清理农药废弃物。
- 不要无选择地堆放和抛弃农药。

农药废弃物的处理方法

处理农药废弃物必须采取正确和有效的方法。

1. 变质、失效及淘汰农药的处理

被国家指定技术部门确认的变质、失效及淘汰的农药应予销毁。高毒农药一般先经化学处理，而后在具有防渗结构的沟槽中掩埋，要求远离住宅区和水源，并且设立“有毒”标志。低毒、中毒农药应掩埋于远离住宅区和水源的深坑中。凡是需要焚烧、销毁的农药应在专门的炉中进行处理。

2. 溢漏农药药液的处理

在非施用场所溢漏的农药要及时处理。在进行农药施用作业时，为避免农药发生溢漏，作业人员应穿戴保护服（如手套、靴子和护眼器具等）。如果作业中发生溢漏，则污染区要求由专人负责处理，以防儿童或动物靠近或接触；对于固态农药，如粉剂和颗粒剂等，要用干沙或土掩盖并清扫到安全地方或施用区；对于液态农药，要用锯末、干土或粒状吸附物清理，如果属高毒且量大时应按照高毒农药处理方式进行。要注意不允许将清洗被农药污染物品后的水倒入下水道、水沟或池塘等。

3. 剩余农药药液的处置

剩余的农药药液，包括喷雾结束时残留在药液箱的药液和清洗喷雾机具、防护服等的废液。

- 使用农药前，一定要根据防治面积计算用药量和施药液量，药液配制要准确，最好不要剩余药液。

● 喷雾作业后还有剩余药液时，可把剩余药液喷洒到处理的作物上去，不可把剩余药液倒入河流、路边、地块等，以避免污染环境；也不可把剩余药液全部喷洒到农田的某一个点，以避免农药药害和农药残留。把剩余药液喷洒到农田时，也要喷雾均匀，一定不要超过农药使用剂量。

● 需要频繁用药时，可以考虑把剩余药液收集起来安全存放，以备下次使用。

4. 农药包装容器的处理方法

● 农药废包装物严禁作为他用，不能丢放，要妥善处理。

● 农药使用后，空的农药包装袋或包装瓶，应妥善放入事先准备好的塑料袋中以便带回处理。在包装容器处理方法上，可采用深埋、焚烧或者交给登记注册的农药废弃物处置中心集中处理。

● 完好无损的农药包装容器可由销售部门或生产厂统一回收。

● 高毒农药的破损包装物要按照高毒农药的处理方式进行处理。金属罐和桶，要清洗后毁坏，然后埋掉；玻璃容器，要打碎并埋起来；杀虫剂的包装纸板要焚烧；除草剂的包装纸板要埋掉；塑料容器要清洗、穿透并焚烧。焚烧时不要站在火焰产生的烟雾中，让小孩远离。此外，如果不能马上处理容器，则应洗净放在安全的地方。

● 空的农药包装容器在深埋前必须彻底清洗干净，并且要把容器破坏（刺破 / 压碎），使之不能再次使用。挖坑后首先把粉状原药的空包装袋投入坑底彻底焚烧。图 7—1 是联合国粮农组织建议的一种废弃农药包装容器掩埋方法示意图，可供参考。深埋地点必须要远离地表水和地下水，且一定要考虑土壤的类型和自然的排水系统，埋的深度要超过 1 米，另外，挖坑地点要避开地面排水沟。坑的位置以及深埋的农药包装容器名称都必须记录在案。

图 7—1 农药废弃包装容器的掩埋方法示意图

- 易燃农药或气雾剂的包装容器在焚烧前必须彻底清洗干净。另外，在焚烧农药包装容器过程中，如果产生的烟尘飘过路面或者变成其他有害物质，可能会带来进一步的污染风险。

- 不是所有的包装容器都能焚烧的，如植物生长调节剂类农药不得采取焚烧的办法处理废弃物。

- 要特别注意不要用盛过农药的容器盛装食物或饮料。

- 对于大量废弃农药的处理方法、处理场地应征得有关劳动、环保部门同意，并报上级主管部门备案。

剩余农药和喷雾机具的保存

● 喷雾结束后，未用完的剩余农药原药必须妥善恢复严密包封状态，并放在事先准备好的塑料袋中以便安全存放。

● 清洗喷雾器和配药用具的方法是用清水少量多次清洗喷雾器。每次加入约 0.5 升清水于药桶中，晃动桶身以清洗药桶内壁，然后摇动摇柄加压，把桶中的水通过喷头喷出，这样可以清洗药桶的管路和喷头。喷出的清洗水全部喷在大田土壤中。如此反复清洗 3 ~ 4 次即可。

● 脱下防护服及其他防护用具，装入事先准备好的塑料袋中以便带回处理。摘掉手套放入塑料袋中带回，洗手。

● 带回的各种防护服、用具、手套等物品，特别是防护服应立即清洗 2 ~ 3 遍，晒干存放。其他用具也应立即清洗，放归安全处存放。

● 农药施用作业后，操作人员应淋浴，特别是使用高毒农药后，用肥皂清洗比较好。

● 使用有机磷类和氨基甲酸酯类杀虫剂的施药人员，施药结束后应到医院检查体内胆碱酯酶的活性。

● 喷洒农药的用具和防护设备等的保管也要像保管农药一样，保存在专门的箱柜中并加锁，不要与生活用具混放。

● 喷雾器洗净后须倒挂放置一段时间，并打开开关让喷管也倒挂，让喷雾器药桶和喷管中的水分完全排净、干燥，然后再收好。如此处理可保证喷雾器总是处于良好的工作状态。

案例

饮料瓶内装农药，五旬老汉误喝“百草枯”生命垂危

2010年6月23日中午，安徽省寿县农民陈老汉在地里忙完农活，天气很热，回到家后看到桌上放了一瓶饮料，就喝了一口，当时就感觉味道不对。随后老伴告诉他，那是除草剂“百草枯”，剩得不多了，嫌大瓶装着碍事，就随手拿了个饮料瓶倒了进去。由于没有什么不舒服的情况出现，陈老汉当天下午照样下地干活。第三天，因其口腔溃疡症状越来越严重，陈老汉赶紧来到合肥的大医院治疗。

安徽省中医院急诊科主任医师告诉记者，陈老汉来到该院时，只有严重的口腔溃疡症状，整个舌头全是溃疡，系“百草枯”药液灼伤导致。根据患者自述，服用量可能在10毫升左右，而该农药通常服用1~3克原液即可致死。

由于“百草枯”中毒无特效解毒剂，虽然医生已经为患者进行了洗胃、血液灌流等对症治疗措施，但是情况不容乐观。据医生介绍，百草枯中毒后，一般一周后才会出现发病高峰，三周后患者死亡率最高。就算能够救活，患者也会留下肺部纤维化后遗症。

点评

这是典型的农药剩余药剂处理不当造成的严重后果。陈老汉家人把剩余的除草剂“百草枯”放在饮料瓶中保存，结果造成误饮，导致严重后果。这样的案例全国每年都要发生多起，特别是一些儿童，常因误饮农药，造成中毒事故。

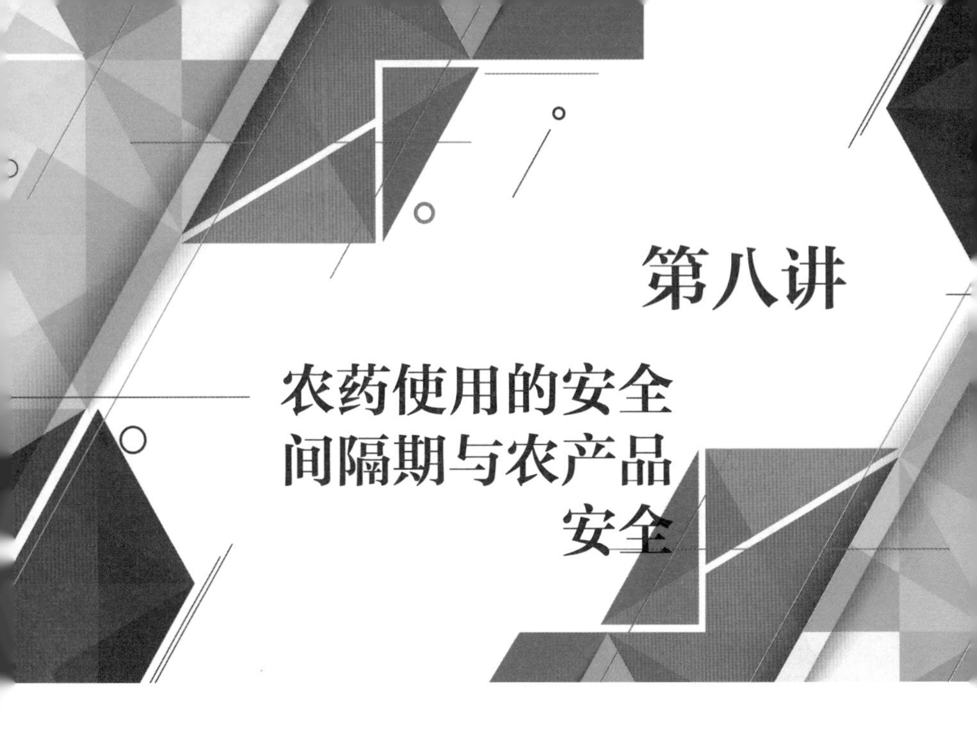

第八讲

农药使用的安全间隔期与农产品安全

话题1 农药使用的安全间隔期

导读

农药是不可以随意使用的，有些农户在田间喷完农药的第二天就采摘蔬菜、水果到市场销售，结果造成农药残留超标。我国对于蔬菜、水果、大田作物等的农药使用，都有明确的安全间隔期的规定，希望广大农户了解农药使用的安全间隔期，并按照国家有关规定执行，切忌提前采摘农药残留超标的蔬菜、水果并销售。

农药使用的安全间隔期是指经残留试验确证的试验农药实际使用后采收距最后一次施药的间隔天数，也就是喷洒一定剂量的农药后必须等待多少天才能采摘，故安全间隔期又名安全等待期。

安全间隔期的作用

安全间隔期是农药安全使用标准的一部分，也是控制和降低农产品中农药残留量的一项关键性措施。

- 在执行安全间隔期的情况下所收获的农产品，其农药残留量一般会低于最高残留限量。

- 不同的农药和剂量要求有不同的安全间隔期，性质稳定的农药不易降解，其安全间隔期就长。

- 安全间隔期的长短还与农药最高残留限量值大小有关，例如拟除虫菊酯类农药虽性质较稳定，但其最高残留限量值一般都较高，因而安全间隔期相对较短。

我国颁布的农药安全间隔期

我国在20世纪后期，完成了七批、200多个农药品种、在100多个作物上的农药安全间隔期的制定，为农药科学使用提供了技术支撑。部分农药在粮食、瓜果、蔬菜和茶叶等农副产品生产中的安全间隔期见表8—1。

表 8—1 部分农药在粮食、瓜果、蔬菜和茶叶等农副产品生产中的安全间隔期

农药通用名	剂型及含量	适用作物	主要防治对象	每亩次制剂施用量或稀释倍数（有效成分浓度）	施药方法	每季作物最多使用次数	最后一次施药距收获的天数（安全间隔期）（d）	最高残留限量（MRL）值（mg/kg）
顺式氯氰菊酯	5%乳油	茶树	茶尺蠖、叶蝉等	4 000~5 000 倍液（8.3~12.5 mg/L）	喷雾	1	7	20
	10%乳油	柑橘	潜叶蛾、红腊蚧等	10 000~20 000 倍液（5~10 mg/L）	喷雾	3	7	全果 2
		棉花	蚜虫、棉铃虫、红铃虫	6.7~13.3 mL（0.67~1.33 g）	喷雾	3	7	棉籽 0.2
联苯菊酯	10%乳油	茶树	茶尺蠖、茶毛虫、茶小绿叶蝉、黑刺粉虱、象甲虫	4 000~6 000 倍液（16.7~25 mg/L）	喷雾	1	7	5
溴螨酯	50%乳油	柑橘	螨类	1 500~3 000 倍液（166.7~333.3 mg/L）	喷雾	3	14	果肉 0.25
毒死蜱	48%乳油	叶菜	菜青虫、蚜虫等	50~75 mL（24~36 g）	喷雾	3	7	全果 5

续表

农药通用名	剂型及含量	适用作物	主要防治对象	每亩次制剂施用量或稀释倍数（有效成分浓度）	施药方法	每季作物最多使用次数	最后一次施药距收获的天数（安全间隔期）（d）	最高残留限量（MRL）值（mg/kg）
氯氰菊酯	10%乳油	柑橘	潜叶蛾、蚜虫等	2 000~4 000倍液（25~50 mg/L）	喷雾	3	7	全果 2
		棉花	棉蚜、棉铃虫、红铃虫等	30~40 mL（3~4 g）	喷雾	3	7	棉籽 0.2
		桃	桃蠹螟	2 000~4 000倍液（25~50 mg/L）	喷雾	3	7	2
		茶树	茶尺蠖、茶毛虫、小绿叶蝉等	2 000~3 700倍液（27~50 mg/L）	喷雾	1	7	20
二嗪磷	50 %乳油	棉花	棉蚜、红蜘蛛等	100~140 mL（50~70 g）	喷雾	3	41	棉籽 0.1
		小麦	地下害虫	2~4 mL/kg种子[0.1%~0.2%（种子质量）]	拌种	—	—	籽粒 0.1
杀螟硫磷	50%乳油	水稻	稻螟、稻纵卷叶螟等	50~100 mL（25~50 g）	喷雾	3	21	糙米 0.4

续表

农药通用名	剂型及含量	适用作物	主要防治对象	每亩次制剂施用量或稀释倍数（有效成分浓度）	施药方法	每季作物最多使用次数	最后一次施药距收获的天数（安全间隔期）（d）	最高残留限量（MRL）值（mg/kg）
氰戊菊酯	20%乳油	柑橘	潜叶蛾、介壳虫等	8 000~12 500 倍液（16~25 mg/L）	喷雾	3	7	全果 2
异丙威	2%粉剂	水稻	稻飞虱、叶蝉等	1 500~3 000 g（30~60 g）	喷粉	3	14	糙米 0.2
伏杀硫磷	35%乳油	叶菜	蚜虫、菜青虫、小菜蛾等	131~189 mL（45.85~66.15 g）	喷雾	2	7	1
快螨特	73%乳油	柑橘	螨类	2 000~3 000 倍液（243~365 mg/L）	喷雾	3	30	3
		棉花	红蜘蛛	41~68.5 mL（30~50 g）		3	21	棉籽 0.1
灭幼脲	25%悬浮剂	小麦	黏虫等	40 mL（10 g）	喷雾	2	15	籽粒 3
百菌清	75%可湿性粉剂	花生	叶斑病、锈病等	111~133 g（83.25~99.75 g）	喷雾	3	14	花生仁 0.1

续表

农药通用名	剂型及含量	适用作物	主要防治对象	每亩次制剂施用量或稀释倍数（有效成分浓度）	施药方法	每季作物最多使用次数	最后一次施药距收获的天数（安全间隔期）（d）	最高残留限量（MRL）值（mg/kg）
百菌清	75%可湿性粉剂	番茄	早疫病等	145~270 g（108.75~208.25 g）	喷雾	3	7	1
异菌脲	50%可湿性粉剂	苹果	轮斑病、褐斑病等	1 000~1 500倍液（333~500 mg/L）	喷雾	3	7	10
春雷霉素	2%液剂	水稻	稻瘟病	80~100 mL（1.6~2 g）	喷雾	3	21	糙米 0.04
丙环唑	25%乳油	小麦	锈病、白粉病、根腐病等	33.2 mL（8.3 g）	喷雾	2	28	籽粒 0.1
甲霜灵锰锌（甲霜灵+代森锰锌）	58%可湿性粉剂	黄瓜	霜霉病	77.6~121 g（45~70.2 g）	喷雾	3	1	甲霜灵 0.5

话题 2　农药残留与农产品安全

随着我国经济的快速发展，食品安全成为人们关心的社会热点之一，有关农药残留的话题不仅为城市居民所关注，也为农村居民所熟知。作为农药使用人员，更应该了解农药残留的概念、来源和控制措施。

农药残留是指农药使用后残存于生物体、农副产品和环境中的微量农药原体、有毒代谢物、降解物和杂质的总称。残存的数量叫残留量，以每千克样本中有多少毫克（或微克、纳克等）表示。农药残留是使用农药后的必然现象，只是残留的时间有长有短，残留的数量有大有小，但残留是不可避免的。研究农药残留的目的是通过合理用药以减少农药残留量和残留农药对人类和环境、生态系统的不良影响。

农药残留的来源

毫无疑问，农药只有使用后才能够造成残留问题，因此，讨论农药残留的来源还要从使用环节入手：

● 农药的直接喷施　农药喷施于农作物后，部分沉积在植株表面，部分渗入内部，内吸性药剂还会输导到植株各部位。这些在植株体表或体内的农药，都会逐渐降解，使残留量逐渐降低。采收距施药期越远，则残留量越低。因此，选择降解速率较快并在规定的安全间隔期后再进行采收，是控制和降低农产品中农药残留量最重要和最有效的措施。

从土壤中吸收 喷施农药过程中，大部分的药剂流落在土壤中，这些药剂中的一部分会在土壤中积累。作物根系在吸收水分和营养的同时，也会吸收药剂并传送到作物的地上部位。某些具有挥发性的农药还会从土壤中挥发到空气中被作物吸收。

由水携带 农田灌溉和喷药都要用大量的水，被农药污染的水会进入农作物内。水溶性的农药更易随水进入农作物内。

空气飘移 在农田周围施药后，从着药表面挥发进入大气、吸附在飘浮尘埃上，或直接随气流飘来的雾滴、粉粒上等，都会在一定距离外直接沉降或随雨水淋降在农作物上。

一般来说，作物收获部位为直接施药部位（如甘蓝、白菜等叶菜）或一季多次采收的作物（如黄瓜、番茄等），易发生农药残留量超标问题。

农药残留的危害

农药施用后，残存的农药主要在农副产品和环境中，其危害主要有以下几方面：

食品安全受质疑，农产品市场价值丧失 大多数农药的施用能按照推荐的剂量、施用方法和时间、使用次数施用，农副产品中农药残留量一般不会超过国家规定的标准，即不会产生危害性。但是，事实上农药残留量超过标准（即允许的量）的现象仍时有发生，其原因主要是农户滥用、乱用或者使用违禁农药，造成农药过量残留。例如，2010 年春节前后，全国多个地方检测出海南生产的豇豆中高毒有机磷杀虫剂水胺硫磷残留超标，引发“毒豇豆事件”，导致海南省的毒豇豆大量被掩埋，豇豆种植户、销售商都受到了极大损失，各级政府为处理豇豆农药残留超标问题，动用了大量的人力、物力，浪费了大量的社会资源。

导致人员中毒 因某些农户缺乏农药使用知识，把剧毒、高毒农药喷洒在蔬菜、水果上，而又急于把农产品卖出去，结果造成人员急性中毒事故，这样的事故每年都有发生。另外，残留农药可以通过食物链富集到畜禽产品中，例如，DDT（滴滴涕）、六六六，我国早在 1983 年就停止生产和使用，而过去残留在环境中极微量的 DDT（滴滴涕）和六六六，至今还在通过食物链富集到部分畜禽体内。

对环境的危害 喷洒的农药除部分落到作物或杂草上，大部分落入农田土壤中或漂移落至施药区以外的土壤或水域中；土壤杀虫剂、杀菌剂或除草剂直接施于土壤中。这些残留在土壤中的农药，虽不会直接引起人畜中毒，但它是农药的储存库和污染源，可以被作物根系吸收、可逸失大气中、可被雨水或灌溉水带入河流或渗入地下水。涕灭威、克百威、莠去津、甲草胺、乐果等在水中溶解度较大的农药，更易被雨水淋溶而污染地下水。有的地区地下水温低、微生物活动弱，渗入的农药分解缓慢，如涕灭威需 2 ~ 3 年才降解 1/2。许多国家以地下水为主要饮用水源，对地下水农药残留的规定很严格。

导致后茬作物产生药害 残存在土壤中的农药，还可能对后茬作物产生药害。西玛津、莠去津等三氮苯类除草剂在玉米地如果使用不当，对后茬小麦有药害；磺酰脲和咪唑啉酮类除草剂在土壤中残留时间很长，有的品种可达 2~3 年，若连年施用会在土壤中累积，极易对后茬敏感作物产生药害。

农药残留的控制

控制农药残留的关键是要做到科学合理地使用农药，杜绝滥用、乱用农药的现象，归纳起来主要措施有：

- 我国已制定了七批农药安全使用标准和农药合理使用准则，应严格遵守准则施药，尤其要严格掌握安全间隔期，防止和减少农药在农产品、畜禽产品和环境中的残留。

- 禁止或限制使用剧毒和高残留农药，严防不按规定范围使用农药。

- 建立农产品种植生产档案记录制度，把生产中使用农药的品种、生产企业、用量以及施药器械、天气情况等记录在案。

- 对主要农副产品中的农药残留进行检测，对残留超标的农产品必须销毁，以保障食品安全和保护人体健康。

案例

几捆空心菜毒倒12名村民

2007年5月19日，厦门翔安马巷赵厝村的某菜农，从自家菜地里割下一些空心菜，拿到村里市场上去卖。殊不知，就是这几捆空心菜，导致12名村民中毒，其中还包括1名孕妇。据公安机关调查，空心菜是李姓村民自家种的菜，为了防治害虫，该村民就在事发前两天喷洒了有机磷杀虫剂，因喷洒到空心菜上的农药超量，且还没有超过安全间隔期，该村民喷药后两天就把空心菜拿到菜市场出售，结果导致重大安全事故。

点评

我国在蔬菜、茶叶、果树等种植生产中早已制定了多项无公害生产技术标准，详细规定了哪些农药可用，哪些农药禁止使用，并规定了农药使用的安全间隔期。本案例中，该菜农在空心菜上市前两天，喷洒了禁止使用的杀虫剂品种，并在喷药后短时间内就把空心菜卖给了村民，最终导致了12名村民中毒的特大安全事故。因此，蔬菜、水果等鲜食农产品生产者，一定要认真学习农药安全使用规定，了解哪些农药是可以使用的，并掌握农药的安全间隔期，这样才能种植生产出安全优质的农产品。

附录　主要农作物病虫害防治适用的部分农药检索表

序号	作物名称	发病或为害症状	防治对象	适用农药	具体用法	备注
粮食作物						
1	小麦	刺吸小麦茎、叶及嫩穗，使叶片出现黄斑或全部枯黄，生长停滞，分蘖减少，籽粒饥瘦	蚜虫	吡虫啉、啶虫脒、噻虫嗪、吡蚜酮、抗蚜威、氧乐果等	喷雾法	氧乐果高毒，减少使用
2	小麦	幼虫潜伏在颖壳内吸食正在灌浆的麦粒汁液，造成疵粒、空壳	吸浆虫	辛硫磷、甲基异柳磷、倍硫磷等	甲基异柳磷土壤处理，倍硫磷喷雾	甲基异柳磷原药高毒
3	小麦	小麦叶片上生成锈红色的病斑（锈病有三种：条锈成行，叶锈乱，杆锈是个大红斑）	锈病	三唑酮、丙环唑、戊唑醇、氟环唑、醚菌酯、嘧啶核苷类抗生素	三唑酮拌种，其余喷雾	三唑酮种子包衣用量大会影响小麦出苗
4	小麦	发病部位产生绒状的白色霉点，霉点上产生白色粉状物，后期成淡褐色霉斑	白粉病	腈菌唑、三唑酮、丙环唑、三唑醇、粉唑醇、烯唑醇、苯醚甲环唑、醚菌酯等	喷雾	
5	玉米	玉米心叶出现花叶和排粪孔，若蛀食玉米茎秆，则茎秆易断，若未抽出的雄穗被害，则穗轴易断，雌穗被害状为咬断花丝	玉米螟	溴氰菊酯、辛硫磷、B.t.、甲萘威、丙硫克百威、杀虫双、白僵菌、除虫脲等	喇叭口撒施，B.t. 加细沙灌心	

续表

序号	作物名称	发病或为害症状	防治对象	适用农药	具体用法	备注
6	玉米	苗期感染，后期表现症状为雄穗受害，花器变形，颖片增多，不能形成雄蕊，雄花基部膨大，充满黑粉	丝黑穗病	戊唑醇、烯唑醇、苯醚甲环唑、三唑酮、粉唑醇	戊唑醇、苯醚甲环唑包衣，烯唑醇拌种，三唑酮喷雾	
7	水稻	成虫和若虫群集在稻株下部刺吸稻株组织，吸食汁液，使叶片发黄，生长低矮，甚至不能抽穗。乳熟期受害，瘪谷量增加，严重时引起稻株下部变黑	稻飞虱	吡虫啉、啶虫脒、噻虫嗪、氯噻啉、噻嗪酮、毒死蜱、吡蚜酮、速灭威、醚菊酯	药剂喷雾，也可采用水面滴施等省力化施药技术	喷雾时可在喷头前面加装一拨杆，使稻株弯曲，便于雾滴喷到水稻基部
8		造成枯心苗，抽穗期为害形成白穗（三化螟）；为害叶鞘，造成枯鞘，然后转入稻株内为害造成枯心，抽穗期造成白穗（二化螟）；大螟对水稻的为害症状与二化螟相似，但稻株虫伤处有虫粪堆积	螟虫	氯虫酰胺、氟虫双酰胺、杀虫双、杀虫单、杀螟丹、克百威、毒死蜱、杀螟硫磷、乙酰甲胺磷、三唑磷	杀虫双撒施，克百威撒施	克百威原药高毒

续表

序号	作物名称	发病或为害症状	防治对象	适用农药	具体用法	备注
9	水稻	水稻叶片产生暗绿色圆形病斑，正反都有大量灰色霉层；或者病斑呈梭形，边缘红褐色，中央灰白色，潮湿时背面有灰绿色霉层	稻瘟病	多菌灵、甲基硫菌灵、三环唑、丙环唑、戊唑醇、稻瘟灵、稻瘟酰胺、春雷霉素、枯草芽孢杆菌、苯氧菌胺、四氯苯酞、稻瘟灵、百菌清、代森铵、氯溴异氰尿酸、异稻瘟净、烯丙苯噻唑、灭瘟素、咪鲜胺	喷雾	
10		危害叶片和叶鞘。最初在基部，后向上部叶鞘、叶片蔓延，严重时可危害剑叶。病斑呈椭圆形或云纹状，初呈水渍状，后变灰绿色或淡褐色病斑，多个病斑常连接形成不规则云纹状斑块	纹枯病	井冈霉素、多抗霉素、噻呋酰胺、嘧啶核苷类抗生素、己唑醇、丙环唑、苯醚甲环唑、三氯异氰尿酸、多菌灵、甲基硫菌灵、枯草芽孢杆菌、络氨铜、灭锈胺、氟酰胺	喷雾	
纤维作物						
11	棉花	使棉花顶尖不生长，侧枝生长较快，嫩叶为害后形成缺形，有许多小孔。蕾被害后，苞叶张开，很快脱落。花被害后，不能结铃。三、四代棉铃虫主要为害幼铃	棉铃虫	甲氨基阿维菌素苯甲酸盐、阿维菌素、氟氯氰菊酯、高效氯氰菊酯、溴氰菊酯、乙酰甲胺磷、毒死蜱、辛硫磷、丙溴磷、三唑磷、喹硫磷、敌敌畏、亚胺硫磷、水胺硫磷、氟铃脲、氟虫脲、氟啶脲、杀铃脲、硫双威、甲萘威、丁硫克百威、硫丹、甲氧虫酰肼、茚虫威、多杀菌素、B.t.	喷雾	

续表

序号	作物名称	发病或为害症状	防治对象	适用农药	具体用法	备注
12	棉花	受害叶片向背面卷缩，叶表有蚜虫排泄的蜜露（油腻），并往往滋生霉菌。棉花受害后植株矮小、叶片变小、叶数减少、蕾铃数减少	棉蚜	高效氯氟氰菊酯、氯氰菊酯、吡虫啉、啶虫脒、噻虫嗪、吡蚜酮、毒死蜱、氧乐果、敌敌畏、丁硫克百威等	喷雾，种子包衣	
13	棉花	嫩叶被害初呈小黑点，长大后花叶，或有孔洞或缺刻，俗称“破叶疯”。幼蕾受害后苞叶张开，先呈黄褐色，继而干枯脱落。开花后受害，“柱头”两旁的花药萎缩、变黑，形成“黑心花”。幼铃被害后，轻则出现水渍状斑点，重则棉铃僵化脱落	棉盲蝽	马拉硫磷、溴氰菊酯、毒死蜱、二溴磷、杀扑磷、伏杀硫磷、氰戊菊酯、顺式氰戊菊酯、高效氯氰菊酯、甲氰菊酯、吡虫啉	喷雾	
14	麻类	主要食害叶片，使其呈现零乱的缺刻或孔洞，严重时麻叶被吃尽，其次危害花蕾和嫩果	黄麻夜蛾	氰戊菊酯、溴氰菊酯、辛硫磷、马拉硫磷、敌百虫、敌敌畏、乙酰甲胺磷、杀螟硫磷、甲萘威、氰戊菊酯、B.t.	喷雾	
15	麻类	被害处出现黄褐色斑点，幼虫蛀食茎秆，常使麻株茎基部或地下茎被蛀通，破坏寄主输导组织，被害枝梢变黑或干枯	苎麻天牛	敌百虫、敌敌畏、马拉硫磷、杀螟硫磷、氯氰菊酯、高效氯氰菊酯	喷雾	

续表

序号	作物名称	发病或为害症状	防治对象	适用农药	具体用法	备注
16	麻类	幼苗患病，子叶呈失水萎垂，重病苗的根部或茎基部呈褐色至黑褐色腐烂枯死。幼株和成株发病，初叶色褪绿，变黄至褐色，最后光秆枯死，天气潮湿时，病株茎秆表面产生白色至淡红色的粉状霉	黄麻枯萎病	多菌灵、甲基硫菌灵、嘧菌酯	喷雾	
油料作物						
17	大豆	大豆食心虫食性单一，主要为害大豆及野生大豆。以幼虫钻蛀豆荚食害豆粒，将豆粒咬成沟道或残破状，严重影响大豆产量和品质	食心虫	溴氰菊酯、氰戊菊酯、高效氯氟氰菊酯、毒死蜱、马拉硫磷、B.t.	喷雾	
18		多集中在大豆的生长点、顶叶、幼嫩叶背面，刺吸汁液危害。造成叶片卷曲、植株矮化、降低产量，还可传播病毒病，造成减产和品质下降	蚜虫	氰戊菊酯、抗蚜威、哒嗪硫磷、吡虫啉、啶虫脒、噻虫嗪、吡蚜酮	喷雾	
19		苗期在根及茎基部形成褐色椭圆形、长条形或不规则形斑、略凹陷，继而发展成环绕主茎的大块斑。后期根部变褐色，表皮腐烂，侧根、须根不发达或坏死	根腐病	精甲霜灵、咯菌腈、苯醚甲环唑、多菌灵、福美双、宁南霉素	精甲霜灵拌种，咯菌腈种子包衣	

续表

序号	作物名称	发病或为害症状	防治对象	适用农药	具体用法	备注
20	油菜	多密集在叶背、菜心、茎枝和花轴上刺吸汁液，叶片卷曲萎缩	蚜虫	溴氰菊酯、噻虫嗪、抗蚜威、马拉硫磷	喷雾	
21		在油菜苗期危害最严重，把油菜叶片吃成缺刻孔洞，严重时将全叶吃光，只留下叶柄，致使植株枯死，菜青虫还传播油菜软腐病	菜青虫	溴氰菊酯、敌百虫、杀螟硫磷、辛硫磷、马拉硫磷、灭幼脲、除虫脲、氟铃脲、氟虫脲、甲氧虫酰肼、呋喃虫酰肼、抑食肼、丁醚脲、虫螨腈、甲萘威、茚虫威、甲氨基阿维菌素、苯甲酸盐、多杀菌素、印楝素、B. t. 、醚菊酯、氰戊菊酯、高效氯氰菊酯、氟氯氰菊酯、氟氰菊酯、联苯菊酯	喷雾	
22		茎部染病初现浅褐色水渍状病斑，后发展为具轮纹状的长条斑，边缘褐色，湿度大时长出棉絮状白色菌丝，偶见黑色菌核，病茎内部烂成空腔，内生菌核。叶片染病初呈不规则水浸状，后形成近圆形至不规则形病斑，病斑中央黄褐色	菌核病	菌核净、多菌灵、甲基硫菌灵、乙烯菌核利、异菌脲、戊唑醇、咪鲜胺、腐霉利	喷雾	
23	花生	幼苗受害，根茎常被平截咬断，造成缺苗断垄现象	地下害虫	辛硫磷、毒死蜱、丁硫克百威	沟施 撒施	

续表

序号	作物名称	发病或为害症状	防治对象	适用农药	具体用法	备注
24	花生	植株矮小，叶片由下至上发黄；根尖端受刺激膨大，线虫虫瘿开始为乳白色，后呈黄褐色，米粒大小，然后在虫瘿上长出许多小须根，经反复多次再侵染，形成一个较大的须根团	根结线虫	阿维菌素、噻唑膦、克百威、涕灭威、苯线磷、灭线磷、硫线磷、威百亩、棉隆	条施沟施	原药均为高毒
25		叶斑以黑斑病和褐斑病为主，发病早期均产生褐色的小点，逐渐发展为圆形或不规则形病斑。褐斑病斑较大，病斑周围有黄色的晕圈，而黑斑病病斑较小，边缘整齐，没有明显的晕圈	叶斑病	百菌清、戊唑醇、双苯三唑醇、烯唑醇、丙环唑、波尔多液、碱式硫酸铜、代森锰锌	喷雾	
蔬菜						
26	番茄	成虫体呈黄色，翅白色无斑点，常在叶片背面危害，吸食植物汁液。番茄受害，果实不均匀成熟，烟粉虱还可传播许多病毒病	烟粉虱	吡虫啉、噻虫嗪、噻嗪酮、啶虫脒、吡蚜酮、烯啶虫胺、矿物油乳剂、二嗪磷、乐果、溴氰菊酯、高效氯氟氰菊酯、甲氰菊酯、联苯菊酯、醚菊酯、噻虫胺、螺虫乙酯	喷雾	
27		幼苗染病出现暗绿色水浸状病斑，由叶片向主茎发展，使叶柄和茎变细呈黑褐色而腐烂折倒，全株萎蔫倒伏，湿度大时病部产生白色霉层。幼茎基部发病，形成水渍状缢缩，幼苗萎蔫或倒伏.	晚疫病	烯酰吗啉、丁吡吗啉、百菌清、代森锰锌、嘧菌酯、多抗霉素、三乙膦酸铝、霜霉威、甲霜灵	喷雾	

续表

序号	作物名称	发病或为害症状	防治对象	适用农药	具体用法	备注
28	番茄	果皮呈灰白色、软腐，长出大量灰绿色霉层；叶片叶尖出现"V"字形病斑，浅褐色，有不明显的深浅相间轮纹；潮湿时，病斑有灰霉	灰霉病	嘧霉胺、腐霉利、异菌脲、乙烯菌核利、乙霉威、多菌灵、甲基硫菌灵、百菌清、武夷霉素	喷雾	
29	黄瓜	根受害后发育不良，侧根多，并在根端部形成球形或圆锥形大小不等的瘤状物，初为白色、质软，后变为褐色至暗褐色，表面有时龟裂。被害株地上部分发育不良，叶色黄	根结线虫	阿维菌素、硫线磷、噻唑膦、丁硫克百威、威百亩、棉隆、溴甲烷	阿维菌素沟施、穴施，硫线磷拌土撒施，噻唑膦土壤撒施，丁硫克百威沟施	阿维菌素、硫线磷为高毒农药
30		叶片卷缩，瓜苗萎蔫，甚至枯死。老叶受害，提前枯落，缩短结瓜期，造成减产	蚜虫	吡虫啉、啶虫脒、噻虫嗪、吡蚜酮、氟啶虫酰胺、顺式氯氰菊酯	喷雾	
31		叶上出现浅绿色水浸状斑点，病斑扩大后受叶脉限制，呈多角形浅褐色或黄褐色斑块，清晨在叶片背面能看到灰黑色霉层，后期病斑破裂连片，全叶卷缩干枯	霜霉病	烯酰吗啉、丁吡吗啉、代森锰锌、代森锌、丙森锌、三乙膦酸铝、百菌清、嘧菌酯、氰霜唑、氢氧化铜	喷雾	

续表

序号	作物名称	发病或为害症状	防治对象	适用农药	具体用法	备注
32	黄瓜	病菌多从开败的雌花侵入，使花瓣腐烂，并长出灰褐色的霉层，然后向幼瓜扩展，使脐部呈水渍状，幼瓜迅速变软、萎缩、腐烂，表面长满灰褐色霉层	灰霉病	嘧霉胺、乙霉威、异菌脲、多抗霉素、乙烯菌核利、腐霉利、武夷菌素、甲基硫菌灵	喷雾	
33		发病部位布满白粉，后期还可能散生黄褐色或黑色小粒点	白粉病	戊唑醇、甲基硫菌灵、氟硅唑、腈菌唑、苯醚甲环唑、嘧菌酯、武夷菌素	喷雾	
34	小白菜	群居在菜叶上吸食汁液，造成叶片卷缩、变黄，轻则植株失水，重则全株死亡	菜蚜	吡虫啉、啶虫脒、噻虫嗪、吡蚜酮、氟啶虫酰胺、顺式氯氰菊酯、高效氯氟氰菊酯	喷雾	
35		叶片吃成缺刻孔洞，严重时将全叶吃光，只留下叶柄，致使植株枯死。菜青虫还传播软腐病	菜青虫	溴氰菊酯、高效氯氟氰菊酯、辛硫磷、马拉硫磷、灭幼脲、除虫脲、氟铃脲、氟虫脲、甲氧虫酰肼、呋喃虫酰肼、抑食肼、丁醚脲、虫螨腈、甲萘威、茚虫威、甲氨基阿维菌素、苯甲酸盐、多杀菌素、印楝素、B. t.	喷雾	
36		初孵幼虫潜入叶片，啃食叶肉，呈透明白斑，三龄以后幼虫咬食叶片成洞孔，呈缺刻锯齿状，严重时只留下网状叶脉	小菜蛾	氯虫酰胺、氟虫双酰胺、球孢白僵菌、小菜蛾核型多角体病毒，其他药剂参见菜青虫	喷雾	

续表

序号	作物名称	发病或为害症状	防治对象	适用农药	具体用法	备注
37	小白菜	初龄幼虫啃食叶肉，造成小隧道，较大幼虫把叶片吃成空洞。菜心部位受害最重，严重时畸形生长，难以包心	甜菜夜蛾	氯虫酰胺、氟虫双酰胺、甜菜夜蛾核型多角体病毒，其他药剂参见菜青虫	喷雾	
38	小白菜	叶片中午萎蔫，早晚恢复，到后期瘫倒在地，露出外叶边缘枯焦或心叶顶腐烂，有时外叶全部腐烂	白菜软腐病	氯溴异氰尿酸、琥胶肥酸铜、络氨铜、任菌铜、土霉素、中生菌素、农用链霉素、春雷霉素	喷雾	
39	豆角	侵入荚内蛀食幼嫩豆粒，使荚内和蛀孔外堆积虫粪	豆野螟	高效氯氟氰菊酯、辛硫磷、杀螟硫磷、敌百虫、溴氰菊酯、氰戊菊酯、顺式氯氰菊酯、高效氯氟氰菊酯、氟铃脲、氟虫脲、氟啶脲	喷雾	
40	豆角	幼虫蛀蚀叶肉，形成虫道，严重时全叶枯萎	潜叶蝇	氰戊菊酯、灭幼脲、乐果、辛硫磷、杀螟硫磷、马拉硫磷、二嗪磷、吡虫啉、杀虫双、阿维菌素、丁硫克百威、灭蝇胺、氯氰菊酯、溴氰菊酯	喷雾	
41	豆角	叶片扭曲皱缩，落花落荚	蓟马	虫螨腈、唑虫酰胺、多杀霉素	喷雾	

续表

序号	作物名称	发病或为害症状	防治对象	适用农药	具体用法	备注
42	豆角	叶斑较明显，圆形至不规则形绿褐色至黄褐色或锈褐色至血红色，周缘分明，病斑上生有明显轮纹，中央赤褐色至灰褐色，边缘色略深，湿度大时叶背病斑上产生灰色霉	褐斑病	多菌灵、甲基硫菌灵、苯醚甲环唑	喷雾	
43	韭菜	危害韭菜的根茎，咬破表皮，咬断新根，形成黄撮子或黄条，重则造成缺株断垄	韭蛆	辛硫磷、毒死蜱	辛硫磷灌根，毒死蜱撒施	
44		初期叶面生白色至浅褐色的小点，后呈椭圆形至梭形，湿度大时表面生稀疏的霉层，后期病斑互相联合成大片枯死斑，致使半叶或全叶枯死	韭菜灰霉	嘧菌环胺、腐霉利	喷雾	
果树						
45	苹果	蛀入孔流出水珠状果胶滴，不久果胶滴干缩，留下白色蜡质物。随着果实的生长，蛀入孔愈合成一针尖大的小黑点，小黑点周围的果皮略凹陷	桃小食心虫	S-氰戊菊酯、高效氯氟氰菊酯、毒死蜱、辛硫磷、杀螟硫磷、除虫脲、灭幼脲、氟啶脲、氟虫脲、氟苯脲、氟氯氰菊酯、高效氯氰菊酯	喷雾	

续表

序号	作物名称	发病或为害症状	防治对象	适用农药	具体用法	备注
46	苹果	叶片表面能看到爬行的红色小蜘蛛，为害叶片最初呈现绿灰白色斑点	红蜘蛛	阿维菌素、三唑锡、四螨嗪、唑螨酯、溴螨酯、克螨特、噻螨酮、双甲脒、单甲脒、速螨酮、浏阳霉素、机油乳剂、苦参碱、苯丁锡、丁醚脲、石硫合剂、硫悬浮剂	喷雾法，采用细雾喷洒法	阿维菌素原药高毒
47	苹果	枝干：形成暗褐色水渍状小溃疡，隆起呈疣状，失水后凹陷，组织坚硬。果实：受害部，起初浅褐色圆斑，后呈褐色深浅交错同心轮纹。继而腐烂	轮纹病	甲基硫菌灵、多菌灵、代森锰锌、戊唑醇、氟硅唑、苯醚甲环唑、喹啉铜、多硫化钡、波尔多液、中生菌素	喷雾	
48	梨	受害叶片呈褐色的枯斑，为害严重时全叶变成褐色，引起早期落叶	梨木虱	阿维菌素、高效氯氰菊酯、吡虫啉、噻虫嗪、喹硫磷、双甲脒	喷雾	
49	梨	幼虫蛀果多从果实顶部或萼凹蛀入，蛀入孔比果点还小，呈圆形小黑点，稍凹陷。幼虫蛀入后直达心室，果实切开后多有汁液和粪便。有的蛀入孔较大，孔周围果肉变黑腐烂，称之为“黑膏药”	梨食心虫	毒死蜱、杀螟硫磷、乐果、氟啶脲、氰戊菊酯	喷雾	

续表

序号	作物名称	发病或为害症状	防治对象	适用农药	具体用法	备注
50	梨	果实染病产生黑色霉层，初期淡黄色的圆形小斑，逐渐扩大，出现霉层，病部木栓化，形成畸形果；大果染病形成多个疮痂状凹斑	梨黑星病	戊唑醇、腈菌唑、氟硅唑、苯醚甲环唑、己唑醇、多菌灵、甲基硫菌灵	喷雾	
51	葡萄	以幼虫蛀食葡萄枝蔓髓部，使受害部位肿大，叶片变黄脱落，枝蔓容易折断枯死	葡萄透翅蛾	高效氯氰菊酯、氯氟氰菊酯、辛硫磷、氧乐果	喷雾	
52	葡萄	聚集在叶背面刺吸汁液，被害叶片先出现失绿小斑点，以后连片成白斑，严重时叶片变白脱落，并使果穗和枝蔓不易生长和成熟	葡萄斑叶蝉	吡虫啉、噻虫嗪、吡蚜酮、多杀菌素、甲氰菊酯、高效氯氰菊酯	喷雾	
53	葡萄	叶受害后出现红褐色针尖状小斑点，周围呈褐绿色晕圈，中部呈灰白色稍凹陷，边缘呈暗紫色，后期常自中间呈星光状，开裂穿孔。果受害后，出现圆形深褐色的小斑点，后中间呈灰白色、略凹陷，外围呈褐色，形似鸟眼，故称“鸟眼病”	黑痘病	咪鲜胺、代森锰锌、甲基硫菌灵、嘧菌酯、烯唑醇、氟硅唑、己唑醇	喷雾	

续表

序号	作物名称	发病或为害症状	防治对象	适用农药	具体用法	备注
54	柑橘	用口器掀起叶面表皮，取食细胞汁液，蜿蜒前进，做成弯曲的银白色隧道。被害叶片常卷缩，易于脱落	柑橘潜叶蛾	阿维菌素、虱螨脲、氟啶脲、杀虫双、杀螟丹、氟铃脲、氟啶脲、氟虫脲、氟苯脲、毒死蜱、杀螟硫磷、喹硫磷、吡虫啉、噻虫嗪、丁硫克百威、氰戊菊酯、高效氯氰菊酯、溴氰菊酯、氟氯氰菊酯、氟胺氰菊酯、甲氰菊酯、	喷雾	
55	柑橘	固着于叶片、果实和嫩梢上吸食汁液，被害处形成黄斑，导致叶片畸形、卷曲、枝叶干枯，果实受害处成黄绿色，外观差、果味酸	矢尖蚧	毒死蜱、杀螟硫磷、乐果、氧乐果、烟碱、机油乳油	喷雾	
56	柑橘	受害叶片初现油浸状小点，随之逐渐扩大，呈蜡黄色至黄褐色，后变灰白至灰褐色，似牛角或漏斗状，表面粗糙。花瓣受害很快脱落，果实受害后，在果皮上常长出许多散生或群生的瘤状突起	疮痂病	嘧菌酯、代森锰锌、多菌灵、苯菌灵、甲基硫菌灵、硫黄、亚胺唑、代森铵、络氨铜、多抗霉素	喷雾	
糖料作物						
57	甘蔗	为害甘蔗心叶，受害叶展开后有横列的小孔和一层透明表皮	甘蔗条螟	敌百虫、杀螟丹、杀虫双、毒死蜱、丁硫克百威、甲萘威、溴氰菊酯、B.t.	喷雾	禁止使用剧毒药剂特丁硫磷

续表

序号	作物名称	发病或为害症状	防治对象	适用农药	具体用法	备注
58	甘蔗	以成、若蚜群集在蔗叶背面中脉两侧吸食汁液，致使叶片发黄、生长停滞、蔗株矮小且含糖量下降，制糖时难于结晶	甘蔗棉蚜	吡虫啉、噻虫嗪、毒死蜱、抗蚜威、乐果、丁硫克百威、甲氰菊酯	喷雾	
59		在苗期形成枯心苗，造成缺株，减少有效茎；而后为害地下茎部，遇干旱蔗叶呈黄色，叶端干枯	黑色蔗龟	甲基异柳磷、毒死蜱、辛硫磷、敌百虫、丁硫克百威、氰戊菊酯、氟虫腈	喷雾	
烟草						
60	烟草	被严重为害的烟株，生长缓慢、植株矮小，叶片卷缩、变小、变薄，果实干瘪	烟蚜	灭多威、溴氰菊酯、氯氰菊酯、氰戊菊酯、硫丹、抗蚜威、丁硫克百威、吡虫啉、啶虫脒、吡蚜酮	喷雾	灭多威、硫丹原药高毒
61		被害叶片有大小不等的穿孔，严重被害叶片被吃光，仅留主脉，花蕾及蒴果被蛀食后重则仅留空壳	烟青虫	灭多威、甲萘威、硫双威、丁硫克百威、高效氯氟氰菊酯、溴氰菊酯、辛硫磷、杀螟硫磷、喹硫磷、敌敌畏、毒死蜱、棉铃虫核型多角体病毒、B.t.	喷雾	
62		先在根茎交接近地面处开始发黑，并向上扩展，发病株的叶片自下而上逐渐发黄下垂萎蔫，病株因细根大部腐烂，纵割被害的茎部，除皮层变黑外，髓部亦变成黑褐色	黑胫病	三乙磷酸铝、烯酰吗啉、霜霉威、甲霜灵、嘧菌酯	三乙磷酸铝灌根，烯酰吗啉、霜霉威喷雾